LE GUIDE DE
l'érable
au Québec

Les informations contenues dans cet ouvrage ont été vérifiées et
validées. L'auteure et l'éditeur ne pourront être tenus responsables
pour tout changement intervenu après publication.

Direction artistique : Marie-Claude Parenteau

Graphisme : Katia Senay
            Marjolaine Pageau
            Julie Jodoin Rodriguez
            Geneviève Guertin
            Jessica Papineau-Lapierre
            Joannie McConnell

Correction : Sarah Bigourdan, Élyse-Andrée Héroux

Dépôt légal : 1ᵉ trimestre 2011
Bibliothèque et Archives nationales du Québec
Bibliothèque nationale du Canada

Les Éditions Goélette bénéficient du soutien financier de la SODEC
pour son programme d'aide à l'édition et à la promotion.

Nous remercions le gouvernement du Québec de l'aide financière
accordée par l'entremise du Programme de crédit d'impôt
pour l'édition de livres, administré par la SODEC.

ASSOCIATION
NATIONALE
DES ÉDITEURS
DE LIVRES   Membre de l'Association nationale des éditeurs de livres.

Imprimé au Canada

ISBN : 978-2-89638-884-4

SOPHIE GINOUX

LE GUIDE DE
l'érable
au Québec

300 cabanes à sucre
répertoriées par région

50 recettes d'hier
et d'aujourd'hui

Les Éditions Goélette

CARTE DU QUÉBEC

NUNAVUT

Détroit d'Hudson

Baie d'Ungava

Baie d'Hudson

Mer du Labrador

Baie James

Nord-du-Québec

Côte-Nord

Saguenay -
Lac-Saint-Jean

TERRE-NEUVE-
ET-LABRADOR

Abitibi-Témiscamingue

Fleuve Saint-Laurent

Bas-Saint-Laurent

Gaspésie -
Îles-de-la-Madeleine

Mauricie

Golfe du
Saint-Laurent

Capitale-Nationale

ONTARIO

Laurentides

Chaudière-
Appalaches

NOUVEAU-BRUNSWICK

Lanaudière

Outaouais

Centre-
du-Québec

Laval

Estrie

ÎLE-DU-PRINCE-ÉDOUARD

Montréal

Montérégie

MAINE

NOUVELLE-ECOSSE

VERMONT

Océan
Atlantique

NEW YORK

NEW HAMPSHIRE

0   200,0
Kilomètres
Échelle: 1:10 120 00

LÉGENDE DES ICÔNES

ICÔNES POUR LES PORTRAITS DES CABANES

= Chaise haute

= Banc d'appoint

= Jeux pour les enfants

= Accès aux handicapés

= Argent comptant

= Interac

VISA = Visa

= Master card

= Chèque personnel

= American express

= Permis d'alcool

= Apportez votre vin

= Visite des installations

= Tour en calèche, tirée par des chevaux

= Tour en calèche, tirée par un tracteur

= Promenade dans les sentiers

= Danse

= Musique

= Traîneau à chien

= Souque à la corde

= Service de bar

ICÔNES POUR LES RECETTES

= Nombre de portions

= Temps de préparation

= Temps de cuisson

= Temps de macération

= Temps au réfrigérateur

TABLE DES MATIÈRES

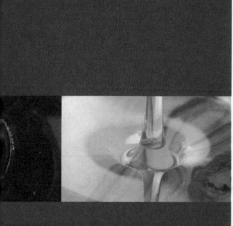

L'ÉRABLE

L'ÉRABLE

L'ÉRABLE, L'OR LIQUIDE DU QUÉBEC

L'érable fait partie intégrante de la culture québécoise. Plus encore, il en est sans doute le plus grand symbole. Sa feuille orne le drapeau canadien, les pièces de monnaie. Il représente une matière première que l'on peut utiliser pour la construction de bâtiments, la fabrication de meubles, l'ébénisterie, la papeterie. Il se teinte de couleurs mordorées chaque automne. Enfin et surtout, l'érable produit, 20 jours par an, une sève qui, une fois travaillée, est capable de faire fondre de plaisir quiconque y goûte. Cette sève, transformée en sirop, sucre ou beurre, est unique au monde. Unique en termes de saveur, de caractère, de qualité. Mais aussi en termes de possibilités, qui semblent infinies. Ce guide a pour but d'en offrir un bel aperçu et d'inviter tous les amoureux de l'érable à suivre son évolution.

L'ÉRABLE, UN PRODUIT BON POUR LA SANTÉ

Les propriétés bénéfiques des produits de l'érable sont de plus en plus connues des consommateurs. Des recherches initiées par la FPAQ ont effectivement mis à jour les valeurs nutritives de ce dernier, un sucrant naturel sans sucrose qui peut remplacer avantageusement le sucre raffiné. Le sirop d'érable renferme également plus de 20 composés antioxydants ayant des propriétés anticancéreuses, antibactériennes et antidiabétiques. Il semblerait notamment qu'il limite de manière intéressante la prolifération de cellules cancéreuses à la prostate et aux poumons et, dans une moindre mesure, au sein, au côlon et au cerveau dans des modèles cellulaires… Et cela, mieux que le bleuet, le brocoli, la tomate et la carotte! Surprenant, n'est-ce pas?

De plus, des études sont en cours concernant les effets potentiellement bénéfiques des polyphénols contenus dans l'eau et le sirop d'érable, au même titre que ceux qu'on attribue à l'huile d'olive, aux petits fruits et au vin. Selon Marie Breton, diététiste et auteure, « les produits de l'érable sont bien plus que de simples agents sucrants. Grâce à leur teneur en vitamines, minéraux, antioxydants et autres composés bienfaisants, ils peuvent contribuer à une meilleure alimentation, surtout lorsqu'ils remplacent le sucre, la cassonade, le miel et le sirop de maïs. Un peu de sirop ou de sucre d'érable ajouté à une recette peut aussi faire beaucoup pour nous aider à consommer plus souvent certains aliments nutritifs, mais parfois malaimés, comme les légumes, les fruits et le poisson ».

L'ÉRABLE EN CHIFFRES

- 80 % de la production mondiale de sirop d'érable est réalisée au Québec.
- On compte 12 000 producteurs au Québec, évoluant dans 7400 fermes acéricoles.
- La production annuelle estimée de sirop d'érable au Québec s'élève à 15 millions de livres, soit 150 000 barils.
- 80 % de cette production est exportée à l'étranger.
- 49 pays dans le monde importent du sirop d'érable.
- Les ventes des produits de l'érable chez les producteurs représentent chaque année un revenu de 300 millions de dollars.

L'ÉRABLE, UNE INDUSTRIE BIEN GÉRÉE

Fondée en 1966, la Fédération des producteurs acéricoles du Québec (FPAQ) a pour mission de défendre et de promouvoir les intérêts économiques, sociaux et moraux des entreprises acéricoles de la province. Elle réglemente entre autres les conditions de production, de contrôle de la qualité et de mise en marché du vrac du sirop d'érable. Elle assure aussi, depuis 2003, la promotion des produits de l'érable, sur la scène québécoise et internationale. « Cette seconde phase a été déterminante pour le développement et la diversification du marché de l'érable, explique Geneviève Béland, directrice des communications de l'organisme. À présent, nous travaillons notamment avec les meilleurs artisans du Québec. Nous disposons en effet d'une liste particulière, Les 100 créatifs de l'érable (voir liste complète en page 15 de cet ouvrage), qui regroupe des chefs et des représentants de tous les métiers de bouche, comme des boulangers ou des charcutiers par exemple, qui sont passionnés par l'érable et le travaillent bien. Cette liste est remise à jour chaque année par un comité d'experts, qui juge tous les établissements concernés selon trois critères : capacité d'innovation, qualité générale de leurs œuvres et force de représentation de l'érable. »

L'ÉRABLE À L'ÉTRANGER

Après les États-Unis, le Japon et l'Allemagne sont les principaux importateurs d'érable. Cette réalité peut sembler surprenante au premier abord, mais elle s'explique aisément. Effectivement, si en définitive l'Allemagne est davantage une plaque tournante vers l'Europe qu'une réelle consommatrice, le Japon connaît une véritable histoire d'amour avec l'érable depuis près de 30 ans. Pourquoi ? Parce que, tout d'abord, le fait de posséder des érables sur son sol, même si ces derniers n'ont pas de coulée, le rapproche un peu du Québec. Madame Béland ajoute : « La culture nippone, qui cultive une vision assez mystique du monde, est très touchée par le fait que le sirop d'érable provienne intégralement de la sève de cet arbre, et qu'on ne peut en produire que 20 jours par an. N'oublions pas non plus dame Nature, car la production dépend entièrement d'elle. Il faut en effet qu'il fasse froid la nuit et chaud le jour pour que la coulée ait lieu. » D'autres raisons peuvent expliquer la popularité incroyable de l'érable au pays du soleil levant : ses vertus pour la santé, la capacité financière des Japonais, mais aussi une cuisine qui se marie parfaitement avec cet ingrédient. « Elle leur permet d'intégrer ce produit de manière naturelle et de créer des combinaisons qui peuvent être surprenantes pour nous, mais intéressantes pour eux, confirme Geneviève Béland. Par exemple, un peu de sirop d'érable dans de la sauce soya, et hop, on a une merveille entre les mains ! De toute manière, ils ajoutent toujours un peu de glucose à leurs recettes sous la forme de mirin ou d'autres ingrédients japonais, aussi ces derniers sont-ils facilement remplaçables par de l'érable. »

L'ÉRABLE, DEMAIN

Exporté aujourd'hui dans 49 pays et en train de s'implanter progressivement sur des marchés aussi prometteurs que la Chine et l'Inde, l'érable a de beaux jours devant lui malgré sa capacité de production limitée. D'autant plus qu'il réserve chaque jour des surprises à ceux qui essaient d'en percer les secrets et d'en repousser les limites. « En fait, la découverte des vertus de ce produit ne fait que commencer, avance madame Béland. Tous les chefs qui l'utilisent ici et à l'étranger disent que grâce à sa composition chimique, l'érable permet de créer de nouvelles saveurs en cuisine. Alors, au nombre d'ingrédients disponibles, les mariages peuvent être multiples. » L'érable serait aussi en ce moment la coqueluche de certains mixologues new-yorkais, qui voient en lui un excellent ajout à des cocktails. Un exemple parmi tant d'autres, en fait. Vins fortifiés ou non, bières, chocolats, condiments… la liste des avenues possibles avec l'érable s'enrichit un peu plus chaque jour. Et nous n'en verrons pas la fin de sitôt.

ROUTE DE L'ÉRABLE ET LISTE DES 100 CRÉATIFS DE L'ÉRABLE

ABITIBI-TÉMISCAMINGUE

CHOCOLAT MARTINE
5, rue Sainte-Anne , Ville-Marie, Québec J9V 2B8
Téléphone : 819 622-0146
www.chocolatsmartine.com/profil.html

RESTAURANT AUX AGAPES
480, chemin de la Gap , Notre-Dame-du-Nord, Québec J0Z 3B0
Téléphone : 819 723-5222
www.restaurantauxagapes.com

RESTAURANT CHEZ EUGÈNE
8, rue Notre-Dame Nord , Ville-Marie, Québec J9V 1W7
Téléphone : 819 622-2233
www.chezeugene.com

BAS-SAINT-LAURENT

AUBERGE DU MANGE GRENOUILLE
148, rue Sainte-Cécile, Le Bic, Québec G0L 1B0
Téléphone : 418 736-5656
www.aubergedumangegrenouille.qc.ca

AUBERGE LA SOLAILLERIE
112, rue Principale, Saint-André-de-Kamouraska, Québec G0L 2H0
Téléphone : 418 493-2914

DOMAINE ACER
145, route du Vieux Moulin, Auclair, Québec G0L 1A0
Téléphone : 418 899-2825
www.domaineacer.com

BOULANGERIE OWL'S BREAD
428, rue Principale, Magog, Québec J1X 2A9
Téléphone : 819 847-1987
www.owlsbread.com

CABANE DU PIC-BOIS
1468, chemin Gaspé, Brigham, Québec J2K 4B4
Téléphone : 450 263-6060
www.cabanedupicbois.com

CHÂTEAU BROMONT
90, rue Stanstead, Bromont, Québec J2L 1K6
Téléphone : 450 534-3433
www.chateaubromont.com

RESTAURANT AUGUSTE
82, rue Wellington Nord, Sherbrooke, Québec J1H 5B8
Téléphone : 819 565-9559
www.auguste-restaurant.com

RESTAURANT LE TEMPS DES CERISES
79, rue du Carmel, Danville, Québec J0A 1A0
Téléphone : 819 839-2818
www.cerises.com

CENTRE-DU-QUÉBEC

AUBERGE GODEFROY
15575, boulevard Bécancour, Bécancour, Québec G9H 1A5
Téléphone : 819 233-2200
www.aubergegodefroy.com

MANOIR DU LAC WILLIAM
3180, rue Principale, Saint-Ferdinand, Québec G0N 1N0
Téléphone : 418 428-9188
www.manoirdulac.com

ROUTE DE L'ÉRABLE ET LISTE DES 100 CRÉATIFS DE L'ÉRABLE

RESTAURANT LE GLOBE-TROTTER
Hôtel et suites Le Dauphin
600, boulevard Saint-Joseph, Drummondville, Québec J2C 2C1
Téléphone : 819 478-4141
www.globe-trotter.ca

RESTAURANT LE LAURIER
Hôtel Le Victorin
19, boulevard Arthabaska Est, Victoriaville, Québec G6P 6R9
Téléphone : 819 758-0533
www.hotelsvillegia.com

CHARLEVOIX

CULINARIUM DU 51
96, rue Saint-Jean-Baptiste, Baie-Saint-Paul, Québec G3Z 1M6
Téléphone : 418 435-3140

LA MAISON OTIS
23, rue Saint-Jean-Baptiste, Baie-Saint-Paul, Québec G3Z 1M2
Téléphone : 418 435-2255
www.maisonotis.com

LES SAVEURS OUBLIÉES
350, rang Saint-Godefroy (route 362), Les Éboulements, Québec G0A 2M0
Téléphone : 418 635-9888
www.agneausaveurscharlevoix.com

RESTAURANT MOUTON NOIR
43, rue Sainte-Anne, Baie-Saint-Paul, Québec G3Z 1N9
Téléphone : 418 240-3030
www.moutonnoirresto.com

RESTAURANT VICES VERSA
216, rue Saint-Étienne, La Malbaie, Québec GSA 1T2
Téléphone : 418 665-6869
www.vicesversa.com

AUBERGE DES GLACIS

46, route de la Tortue, Saint-Eugène-de-l'Islet, Québec G0R 1X0
Téléphone: 418 247-7486
www.aubergedesglacis.com

BOULANGERIE SIBUET

306, rue de l'Église, Saint-Jean-Port-Joli, Québec G0R 3G0
Téléphone: 418 598-7890

LE MANOIR LAC ETCHEMIN

1415, route 227 , Lac-Etchemin, Québec G0R 1S0
Téléphone: 418 625-2101
www.manoirlacetchemin.com

MANOIR DES ÉRABLES

220, boulevard Taché Est, Montmagny, Québec G5V 1G5
Téléphone: 418 248-0100
www.manoirdeserables.com

RESTAURANT POINT-VIRGULE

Hôtel Le Georgesville
300, 118e Rue, Saint-Georges-de-Beauce, Québec G5Y 3E3
Téléphone: 418 227-3000
www.georgesville.com

DUPLESSIS

AUBERGE PORT-MENIER

66, rue des Menier, Île-d'Anticosti, Québec G0G 2Y0
Téléphone: 418 535-0122
www.sepaq.com/san/

ROUTE DE L'ÉRABLE ET LISTE DES 100 CRÉATIFS DE L'ÉRABLE

GASPÉSIE

AUBERGE DU PARC DE PASPÉBIAC
68, boulevard Gérard-D.-Lévesque Ouest, Paspébiac, Québec G0C 2K0
Téléphone : 1 800 463-0890
www.aubergeduparc.com

AUBERGE GÎTE DU MONT-ALBERT
2001, route du Parc, Sainte-Anne-des-Monts, Québec G4V 2E4
Téléphone : 418 763-2288
www.sepaq.com/gite

ÉPICERIE FINE CHEZ ALEXIS
24, 1re Avenue Ouest, Sainte-Anne-des-Monts, Québec G4V 1B6
Téléphone : 418 763-7001
www.chezalexis.com

FUMOIR MONSIEUR ÉMILE
574, chemin de l'Irlande, Percé, Québec G0C 2L0
Téléphone : 418 782-1412
www.fumoir-monsieur-emile.com

RESTAURANT LA MAISON DU PÊCHEUR
155, place du Quai, Percé, Québec G0C 2L0
Téléphone : 418 782-5331

ÎLES-DE-LA-MADELEINE

AUBERGE DE LA PETITE BAIE
187, route 199, Île du Havre-aux-Maisons, Québec G4T 5A1
Téléphone : 418 937-8901
www3.telebecinternet.com/auberge.petitebaie/

BOUTIQUE ARTISANALE ET CAFÉ-RESTAURANT LA FLEUR DE SABLE
102, route 199, Île du Havre-Aubert, Québec G4T 9B3
Téléphone : 418 937-2224
www.lafleurdesable.com

DOMAINE DU VIEUX COUVENT
292, route 199, Île du Havre-aux-Maisons, Québec G4T 5A9
Téléphone : 418 969-2233
www.domaineduvieuxcouvent.com

LANAUDIÈRE

LA DISTINCTION
1505, boulevard Base-de-Roc, Joliette, Québec J6E 3Z1
Téléphone : 450 759-6900
www.distinction.qc.ca

LES DÉLICES D'ANTAN
581, rue de Montcalm, Berthierville, Québec J0K 1A0
Téléphone : 450 836-0548
www.delicesdantan.ca

LE SURFIN CHOCOLATIER
1111, rang Saint-François, Terrebonne, Québec J6Y 0C7
Téléphone : 450 979-5377

RESTAURANT DOLCE LIA
RESTAURANT LE DIALOGUE
2521, route Louis-Cyr (route 131 Nord), Saint-Jean-de-Matha,
Québec J0K 2S0
Téléphone : 450 886-5519

RESTAURANT LE PRIEURÉ
402, boulevard L'Ange-Gardien, L'Assomption, Québec J5W 1S5
Téléphone : 450 589-6739
www.leprieure.ca

ROUTE DE L'ÉRABLE ET LISTE DES 100 CRÉATIFS DE L'ÉRABLE

BISTRO À CHAMPLAIN

75, chemin Masson, Sainte-Marguerite-du-Lac-Masson, Québec J0T 1L0
Téléphone: 450 228-4988
www.bistroachamplain.com

BOULANGERIE PAGÉ ET MOULINS LAFAYETTE

7, avenue de l'Église, Saint-Sauveur, Québec J0R 1R0
Téléphone: 450 227-2632
www.lesmoulinslafayette.com

ÉPICERIE-TRAITEUR CHEZ BERNARD

411, rue Principale, Saint-Sauveur, Québec J0R 1R4
Téléphone: 450 240-0000
www.chezbernard.com

L'AMBROISIE

14501, montée Dupuis, Mirabel, Québec J7N 3H7
Téléphone: 450 431-3311
www.lambroisie.com

RESTAURANT AU PETIT POUCET

1030, route 117, Val-David, Québec J0T 2N0
Téléphone: 819 322-2246
www.aupetitpoucet.com

TABLE CHAMPÊTRE LA CONCLUSION

172, rang de la Plaine (route 335), Sainte-Anne-des-Plaines,
Québec J0N 1H0
Téléphone: 450 478-2598
www.laconclusion.com

CHOCOLUNE
274, boulevard Sainte-Rose, Laval, Québec H7L 1M2
Téléphone: 450 628-7188

LES MENUS-PLAISIRS, RESTAURANT ET AUBERGE
244, boulevard Sainte-Rose, Laval, Québec H7L 1L9
Téléphone: 450 625-0976
www.lesmenusplaisirs.ca

MANICOUAGAN

AUBERGE DE LA BAIE
267, route 138, Les Escoumins, Québec G0T 1K0
Téléphone: 1 800 287-2010
www.aubergedelabaie.com

MAURICIE

AUBERGE LE BALUCHON
3550, chemin des Trembles, Saint-Paulin, Québec J0K 3G0
Téléphone: 819 268-2555
www.baluchon.com

CHEZ JACOB
380, rue Notre-Dame, Saint-Tite, Québec G0X 3H0
Téléphone: 418 365-3005

BOUCHERIE FOUQUET MOREL
730, boulevard des Récollets, Trois-Rivières, Québec G8Z 3W2
Téléphone: 819 376-3567

ROUTE DE L'ÉRABLE ET LISTE DES 100 CRÉATIFS DE L'ÉRABLE

AUBERGE DES GALLANT, RESTAURANT ET SPA

1171, chemin Saint-Henri, Sainte-Marthe, Québec J0P 1W0
Téléphone : 450 459-4241
www.gallant.qc.ca

CHEZ NOESER

236, rue Champlain, Saint-Jean-sur-Richellieu, Québec J3B 2B6
Téléphone : 450 346-0811
www.noeser.com

CHOCOLATS GENEVIÈVE GRANDBOIS

9389, boulevard Leduc, Quartier DIX30, Brossard, Québec J4Y 0E7
Téléphone : 450 462-7807
www.chocolatsgg.com

FERME BRASSICOLE SCHOUNE

2075, rue Sainte-Catherine, Saint-Polycarpe, Québec J0P 1X0
Téléphone : 450 265-3765
www.schoune.com

GÉNÉRAL UPTON

305, rue Principale, Upton, Québec J0H 2E0
Téléphone : 450 549-6333
www.generalupton.com

L'HEURE DU THÉ

1800, rue des Cascades, Saint-Hyacinthe, Québec J2S 3J1
Téléphone : 450 252-1245

LE GARDE-MANGER DE FRANÇOIS

2403, avenue de Bourgogne, Chambly, Québec J3L 2A5
Téléphone : 450 447-9991

LE MARCHÉ DE CHEZ NOUS

555, boulevard Roland-Therrien, Longueuil, Québec J4H 4E7
Téléphone : 450 674-9777
www.marchedecheznous.com

LE TIRE-BOUCHON

141-K, boulevard de Mortagne, Boucherville, Québec J4B 6G4
Téléphone : 450 449-6112

PÂTISSERIE ROLLAND

170, rue Saint-Charles Ouest, Longueuil, Québec J4B 7K1
Téléphone : 450 674-4450
www.patisserierolland.ca

PETIT MARCHÉ DE CONTRECŒUR

6560, route Marie-Victorin, Contrecoeur, Québec J0L 1C0
Téléphone : 450 587-2264

SAUCISSERIE WILLIAM J. WALTER

1555, rue des Cascades, Saint-Hyacinthe, Québec J2S 3H7
Téléphone : 450 771-4331
www.williamjwalter.com

RESTAURANT SENS

Hôtel Mortagne
1228, rue Nobel, Boucherville, Québec J4B 5H1
Téléphone : 450 655-4939
www.hotelmortagne.com

VIN FOURCHETTE

2040, rue des Cascades , Saint-Hyacinthe, Québec J2S 3J6
Téléphone : 450 250-2040
www.vinfourchette.com

ROUTE DE L'ÉRABLE ET LISTE DES 100 CRÉATIFS DE L'ÉRABLE

MONTRÉAL

BISTRO COCAGNE
3842, rue Saint-Denis, Montréal, Québec H2W 2M2
Téléphone : 514 286-0700
www.bistro-cocagne.com

BOUCHERIE DU MARCHÉ
224, place du Marché du Nord, Marché Jean-Talon, Montréal, Québec H2S 1A1
Téléphone : 514 270-7732

BOULANGERIE PREMIÈRE MOISSON
189, boulevard Hardwood, Vaudreuil-Dorion, Québec J7V 1Y3
Téléphone : 450 455-2827

BOUTIQUE ESPACE EUROPEA
33, rue Notre-Dame Ouest, Montréal, Québec H2Y 1S5
Téléphone : 514 844-1572
www.europea.ca

CHARCUTERIE LA QUEUE DE COCHON
6400, rue Saint-Hubert, Montréal, Québec H2S 2M2
Téléphone : 514 527-2252

DENISE CORNELLIER TRAITEUR
5354, boulevard Saint-Laurent, Montréal, Québec H2T 1S1
Téléphone : 514 272-8428
www.cornelliertraiteur.com

CHOCOLATS PRIVILÈGE
1001, rue Fleury, Montréal, Québec H3K 2E4
Téléphone : 514 385-6335
www.chocolatsprivilege.com

HAVRE-AUX-GLACES
7070, rue Henri-Julien, Marché Jean-Talon, Montréal, Québec H2S 2W1
Téléphone : 514 278-8696

BOULANGERIE BASSIN
B&B/KEN'S FRUITCAKE
4293, rue de Brébeuf, Montréal, Québec H2J 3K6
Téléphone: 514 525-0854
www.bbassin.com/pages/cake.htm

LA MAISON DES DESSERTS
AUX GOUGÈRES
9878, avenue Papineau, Montréal, Québec H2B 1Z8
Téléphone: 514 387-0201

RESTAURANT BON BLÉ RIZ
1437, boulevard Saint-Laurent, Montréal, Québec H2X 2S8
Téléphone: 514 844-1447

RESTAURANT CARTE BLANCHE
1159, rue Ontario Est, Montréal, Québec H2L 1R3
Téléphone: 514 313-8019
www.restaurant-carteblanche.com

RESTAURANT FOURQUET FOURCHETTE
Palais des Congrès
265, rue Saint-Antoine Ouest, Montréal, Québec H2Z 1H5
Téléphone: 514 789-6370
www.fourquet-fourchette.com

RESTAURANT ET BAR KOKO
8, rue Sherbrooke Ouest, Montréal, Québec H2X 4C9
Téléphone: 514 657-5656
www.kokomontreal.com

RESTAURANT LE RENOIR
Hôtel Sofitel
1155, rue Sherbrooke Ouest, Montréal, Québec H3A 2N3
Téléphone: 514 285-9000
www.sofitel.com

RESTAURANT LE VALOIS
25, place Simon-Valois, Montréal, Québec H1W 0A6
Téléphone: 514 528-0202

ROUTE DE L'ÉRABLE ET LISTE DES 100 CRÉATIFS DE L'ÉRABLE

TRAITEUR AGNUS DEI
530, rue Bonsecours, Montréal, Québec H2Y 3C5
Téléphone : 514 866-2323
www.agnusdei.ca

OUTAOUAIS

LE BACCARA
Casino du Lac-Leamy
1, avenue du Casino, Gatineau, Québec J8Y 6W3
Téléphone : 819 772-6210
www.casino-du-lac-leamy.com

RESTAURANT LE PANACHÉ
201, rue Eddy, Gatineau, Québec J8X 2X5
Téléphone : 819 777-7771

RESTAURANT LES CHANTIGNOLLES
Hôtel Fairmount Montebello
392, rue Notre-Dame, Montebello, Québec J0V 1L0
Téléphone : 819 423-1133
www.fairmont.com/Montebello

QUÉBEC

AUBERGE ET RESTAURANT LE CANARD HUPPÉ
2198, chemin Royal, Île d'Orléans, Québec G0A 3Z0
Téléphone : 418 828-2292
www.canardhuppe.com

CHOCO-MUSÉE ÉRICO
634, rue Saint-Jean, Québec, Québec G1R 1P8
Téléphone : 418 524-2122
www.chocomusee.com

HÔTEL-MUSÉE PREMIÈRES NATIONS

5, place de la Rencontre, Wendake, Québec G0A 4V0
Téléphone: 1 866 551-9222
www.hotelpremieresnations.ca

HÔTEL LE CHÂTEAU BONNE ENTENTE

3400, chemin Sainte-Foy, Québec, Québec G1X 1S6
Téléphone: 418 653-5221
www.chateaubonneentente.com

LES DÉLICES DE L'ÉRABLE

1044, rue Saint-Jean, Québec, Québec G1R 1R6
Téléphone: 418 692-3245
www.delicesdelerable.com

MAISON J. A. MOISAN

699, rue Saint-Jean, Québec, Québec G1R 1P7
Téléphone: 418 529-9764
www.jamoisan.com

RESTAURANT L'INITIALE

54, rue Saint-Pierre, Québec, Québec G1K 4A1
Téléphone: 418 694-1818
www.restaurantinitiale.com

RESTAURANT PANACHE

Auberge Saint-Antoine
10, rue Saint-Antoine, Québec, Québec G1K 4C9
Téléphone: 418 692-1022
www.saint-antoine.com

ROUTE DE L'ÉRABLE ET LISTE DES 100 CRÉATIFS DE L'ÉRABLE

SAGUENAY – LAC-SAINT-JEAN

AUBERGE DES 21
621, rue Mars, Ville de La Baie, Québec G7B 4N1
Téléphone : 418 697-2121
www.aubergedes21.com

PÂTISSERIE CHEZ GRAND-MAMAN
1883, boulevard du Jardin, Saint-Félicien, Québec G8K 2T2
Téléphone : 418 679-5551
www.patisserie-grand-maman.ca

BISTROT BORIS ET BISCOTTI
255, rue Racine Est, local 165, Chicoutimi, Québec G7H 7L2
Téléphone : 418 602-0911
www.borisetbiscotti.com

AUBERGE LES DEUX PIGNONS
117, route 170, Petit-Saguenay, Québec G0V 1N0
Téléphone : 418 272-3091
www.pignons.ca

LA RELÈVE
École Le Cordon Bleu
453, avenue Laurier Est, Ottawa, Ontario K1N 6R4
Téléphone : 613 236-2433

AMBASSADEURS DE L'ÉRABLE
À L'INTERNATIONAL

FRANCE

PÂTISSERIE DEL MONTE
Roland Del Monte
Bormes-Les-Mimosas

AUTHENTIQUE BOUCHON LYONNAIS
DANIEL ET DENISE
Joseph Viola
Lyon
www.daniel-et-denise.fr

LA MAISON BERNACHON
Philippe Bernachon
Lyon
www.bernachon.com

JAPON

RESTAURANTS IGREK ET AUTRES
ÉTABLISSEMENTS YH
Hiroshi Yamaguchi
www.igrekvega.jp (un exemple d'établissement)
Un grand ambassadeur de l'érable au Japon. Dans sa vingtaine
d'établissements, il nous fait saliver à la japonaise avec l'érable
du Québec.

© Auberge des Glacis

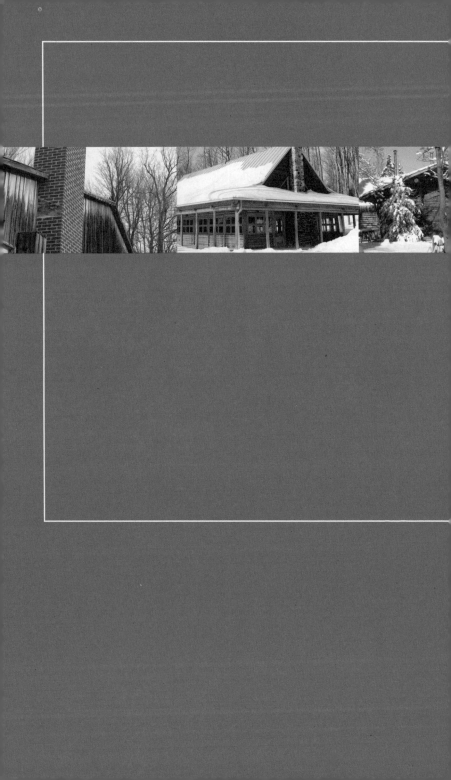

CABANES À SUCRE DU QUÉBEC

LES BOIS RIANT

1627, rang 11, Saint-Valérien-de-Milton, Québec J0H 2B0
Téléphone : 450 549-2795

RENSEIGNEMENTS GÉNÉRAUX

Date de l'ouverture : 1991
Horaire : Toute l'année, sur réservation
Capacité d'accueil : 40 personnes
$ moyen : 15,95 $

REPAS

Menu : Traditionnel
Spécialités de la cabane : Soupe aux pois à l'ancienne,
fèves au lard dans le sucrier, omelette soufflée, grands-pères
dans le sirop
Service : Buffet
Tire : Sur la neige

ACTIVITÉS / SERVICES

En vente : • Sirop d'érable
• Produits de l'érable à emporter : sucre, beurre,
gelée, bonbons
Hors du temps des sucres : • Location de salle
• Service de traiteur sur place

CABANE À SUCRE HANDFIELD

555, rue Richelieu, Saint-Marc-sur-Richelieu, Québec G3B 1C4
Téléphone: 450 584-2226
www.aubergehandfield.com/cabane-a-sucre.html

RENSEIGNEMENTS GÉNÉRAUX

Date de l'ouverture: 1945
Horaire: • De mars à juin et de septembre à décembre
• De mars à avril, sur réservation pour les groupes
de 15 personnes et plus, en semaine de 11 h à 14 h
et de 17 h à 20 h, samedi et dimanche, toute la journée
Capacité d'accueil: 350 personnes
$ moyen: 16,50 $ en semaine, 21,50 $ les fins de semaine

REPAS

Menu: Traditionnel
Spécialités de la cabane: Marinades, cretons, fèves au lard,
omelette, oreille de crisse, jambon à l'os, tarte, crêpes, galettes
de sarrasin, œufs dans le sirop (sur demande)
Service: Aux tables à volonté
Tire: Sur la neige

ACTIVITÉS/SERVICES

En vente: • Sirop d'érable
• Produits de l'érable à emporter: sucre, beurre,
gelée, bonbons, tire
Autres: Violon pour le souper du samedi ou le dîner du dimanche
Hors du temps des sucres: • Location de salle
• Service de traiteur sur place ou à
l'extérieur de la cabane: cuisine
de cabane

COMMODITÉS

PAIEMENTS ACCEPTÉS

VISA

ALCOOL

ANIMATIONS

CABANE À SUCRE DU PETIT BOIS

147, rang 5, Saint-Stanislas-de-Kostka , Québec J0S 1W0
Téléphone : 450 377-225

COMMODITÉ

RENSEIGNEMENTS GÉNÉRAUX

Date de l'ouverture : **1970**
Horaire : **De mars à avril, du mardi au dimanche**
Capacité d'accueil : **200 personnes**

PAIEMENT ACCEPTÉ

REPAS

Menu : **Traditionnel**
Spécialités de la cabane : **Soupe aux pois, fèves au lard, oreilles de crisse, jambon à l'érable, saucisses à l'ancienne, crêpes**
Service : **Aux tables à volonté**
Tire : **Sur la neige**

ACTIVITÉS / SERVICES

En vente : **Sirop d'érable**

ANIMATIONS

CABANE À SUCRE DU DOMAINE SAINT-SIMON

925, rang 4 Ouest, Saint-Simon-de-Bagot, Québec J0H 1Y0
Téléphone : 450 789-2334
www.domaine-st-simon.qc.ca

RENSEIGNEMENTS GÉNÉRAUX

Date de l'ouverture : 1985
Horaire : De mars à avril, sur réservation seulement
Capacité d'accueil : 300 personnes
$ moyen : 16 $ à 24 $

REPAS

Menu : Traditionnel
Service : Aux tables à volonté
Tire : Sur la neige

ACTIVITÉS / SERVICES

En vente : • Sirop d'érable
        • Produits de l'érable à emporter : sucre mou, beurre, tire
Autres : • Balade à cheval dans l'érablière
        • Accueil et animation de groupes scolaires
Hors du temps des sucres : • Location de salle
        • Service de traiteur

PAIEMENTS ACCEPTÉS

ALCOOL

ANIMATIONS

DOMAINE CHOQUET

2200, chemin des Sucreries, Varennes, Québec J3X 1P7
Téléphone : 450 652-6598 • **Télécopieur :** 450 652-2437

RENSEIGNEMENTS GÉNÉRAUX

Date de l'ouverture : 1960
Horaire : • De mars à avril, tous les jours
    • Sur réservation le restant de l'année
Capacité d'accueil : 600 personnes
$ moyen : 15 $

REPAS

Menu : Traditionnel et méchoui
Service : Aux tables à volonté
Tire : Sur la neige

ACTIVITÉS/SERVICES

En vente : • Sirop d'érable
    • Produits de l'érable à emporter : sucre, beurre,
     gelée, bonbons
    • Plats cuisinés à emporter : soupe aux pois, oreilles
     de crisse, tartes diverses
Hors du temps des sucres : • Location de salle
         • Service de traiteur sur place ou à
          l'extérieur de la cabane : cuisine
          gastronomique et internationale

COMMODITÉS

PAIEMENTS ACCEPTÉS

VISA

ALCOOL

ANIMATIONS

MONTÉRÉGIE

ÉRABLIÈRE LE MONTAGNARD

Chemin Jodoin, Mont Yamaska, Saint-Paul d'Abbotsford, Québec J0E 1A0
Téléphone : 450 379-9731

RENSEIGNEMENTS GÉNÉRAUX

Date de l'ouverture : 1983
Horaire : De mars à avril, samedi et dimanche de 11 h à 20 h
Capacité d'accueil : 150 personnes
$ moyen : 20 $

REPAS

Menu : Traditionnel
Spécialités de la cabane : Soupe aux pois, fèves au lard,
grillades de lard, œufs dans le sirop, grands-pères dans le sirop,
tarte au sucre, crêpes
Service : Aux tables à volonté
Tire : Sur la neige

ACTIVITÉS/SERVICES

En vente : • Sirop d'érable
• Produits de l'érable à emporter : sucre, beurre, gelée,
bonbons, eau d'érable, réduit d'érable

COMMODITÉS

PAIEMENT ACCEPTÉ

ALCOOL

ANIMATION

LA CABANE À MIDAS

111, rang Saint-Joseph, Saint-Chrysostome, Québec J0S 1R0
Téléphone: 450 826-0172
www.cabaneamidas.com

RENSEIGNEMENTS GÉNÉRAUX

Date de l'ouverture : 2000
Horaire : De mars à avril, du mardi au vendredi à partir
de 11 h 30, samedi et dimanche, déjeuners de 9 h à 11 h,
puis à partir de 11 h 30
Capacité d'accueil : 150 personnes
$ moyen : 18,50 $

REPAS

Menu : Traditionnel
Spécialités de la cabane : Soupe aux pois, fèves au lard, oreilles
de crisse, œufs dans le sirop, jambon dans le sirop, tarte au sirop,
grands-pères dans le sirop, pouding au riz servi avec crème
fouettée garnie de sucre du pays
Service : Aux tables à volonté
Tire : Sur la neige

ACTIVITÉS / SERVICES

En vente : • Sirop d'érable
• Produits de l'érable à emporter : sucre, beurre,
gelée, bonbons, tarte au sirop
• Plats cuisinés à emporter

COMMODITÉS

PAIEMENT ACCEPTÉ

ANIMATIONS

CABANE À SUCRE TÉTREAULT

3355, boulevard Laurier (route 116), Sainte-Madeleine, Québec J0H 1S0
Téléphone : 450 795-3476 • **Télécopieur :** 450 464-8306
info@tetreault.ca • www.tetreault.ca

RENSEIGNEMENTS GÉNÉRAUX

Date de l'ouverture : 1957
Horaire : • De mars à avril, du jeudi au dimanche
       • Sur réservation du lundi au mercredi et le restant
        de l'année

Capacité d'accueil : 500 personnes
$ moyen : 15 $ en semaine, 18 $ pour les dîners et 20 $ pour les
soupers en fin de semaine

REPAS

Menu : Traditionnel
Spécialités de la cabane : Soupe aux pois, cornichons et confitures
maison, oreilles de crisse, tarte au sirop
Service : Aux tables à volonté
Tire : Sur la neige

ACTIVITÉS / SERVICES

En vente : • Sirop d'érable
       • Produits de l'érable à emporter : sucre, beurre,
        gelée, bonbons
Autres : Mini ferme
Hors du temps des sucres : • Location de salle
              • Service de traiteur sur place
              • Repas et animations spécifiques
                pour les fêtes de Noël

COMMODITÉS

PAIEMENTS ACCEPTÉS

ALCOOL

ANIMATIONS

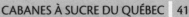

ÉRABLIÈRE RAYMOND MEUNIER ET FILS

325, rang des 54, Richelieu, Québec J3L 6R5
Téléphone : 450 347-0757
www.meunier.qc.ca

RENSEIGNEMENTS GÉNÉRAUX

Date de l'ouverture : 1983
Horaire : De mars à avril, tous les jours à partir de 10 h
Capacité d'accueil : 400 personnes
$ moyen : 12 $

PAIEMENTS ACCEPTÉS

REPAS

Menu : Traditionnel
Spécialités de la cabane : Soupe aux pois, cretons, fèves au lard, oreilles de crisse, tarte au sucre, grands-pères dans le sirop, tire sur la neige, beignes
Service : Aux tables à volonté
Tire : Sur la neige

ALCOOL

ACTIVITÉS / SERVICES

En vente : • Sirop d'érable
        • Produits de l'érable à emporter : sucre, beurre, gelée, bonbons
Autres : • Maquillage
        • Arcade de jeux vidéo
        • Parc d'amusement extérieur
        • Ferme de 60 animaux
Hors du temps des sucres : • Location de salle
        • Service de traiteur : cuisine de cabane, cuisine québécoise, cuisine internationale, cuisine à thème

ANIMATIONS

SUCRERIE DE LA MONTAGNE

300, rang Saint-Georges, Rigaud, Québec J0P 1P0
Téléphone : 450 451-0831
www.sucreriedelamontagne.com

RENSEIGNEMENTS GÉNÉRAUX

Date de l'ouverture : 1962
Horaire : De mars à avril, tous les jours de la semaine de 10 h à 21 h
Capacité d'accueil : 500 personnes
$ moyen : • Adultes : 30 $ en semaine et 40 $ en fin de semaine
• Enfants de plus de trois ans : 10 à 20 $

REPAS

Menu : Traditionnel
Service : Aux tables à volonté
Tire : Sur la neige

ACTIVITÉS / SERVICES

En vente : • Sirop d'érable
• Produits de l'érable à emporter
• Plats cuisinés à emporter : tourtières, tartes diverses
Hors du temps des sucres : • Location de salle
• Service de traiteur sur place : cuisine traditionnelle, gastronomique, méchouis
• Location de chalets adjacents dans l'érablière

COMMODITÉS

PAIEMENTS ACCEPTÉS

ALCOOL

ANIMATIONS

CABANE À SUCRE À CAMILLE

Daniel Éthier

226, route 236, Saint-Stanislas-de-Kostka, Québec J0S 1W0
Téléphone : 450 371-6503 • **Télécopieur :** 450 429-2688

CABANE À SUCRE ALAIN BEAUREGARD

Alain Beauregard

317, rang Haut Corbin, Saint-Damase, Québec J0H 1J0
Téléphone : 450 797-2461

CABANE À SUCRE DINELLE

Yvan Poissan et Ginette Mallette

1642, rang Saint-Antoine, Saint-Rémi, Québec J0L 2L0
Téléphone : 450 454-2543
info@dinelle.com • www.dinelle.com

CABANE À SUCRE FERME HILLSPRING

Claudette, Fernand, Sylvain et Patrick Barré

1019, route 202, Franklin Centre, Québec J0S 1E0
Téléphone : 450 827-2565 • **Télécopieur :** 450 827-2913
info@fermehillspring.com • www.fermehillspring.com

CABANE À SUCRE
GAÉTAN ET MARC BESNER

Gaétan et Marc Besner

281, ruisseau Nord, Côteau-du-Lac, Québec J0P 1B0
Téléphone : 450 456-3753 • **Télécopieur :** 514 456-3753

CABANE À SUCRE GAUDETTE

Suzanne Gaudette

949, rang Sainte-Rose, Saint-Jude, Québec J0H 1P0
Téléphone : 450 792-3224

CABANE À SUCRE GILLES LAVIGNE

Gilles Lavigne

751, rang Saint-Emmanuel, Saint-Clet, Québec J0P 1S0
Téléphone : 450 456-3470

MONTÉRÉGIE

CABANE À SUCRE HENDERSON
Linda Hébert
658, rang Cowan, Havelock, Québec J0S 2C0
Téléphone: 450 826-3479
l.hebert@rocler.com

CABANE À SUCRE LA BELLE ÉPOQUE
Clément Germain
200, montée Sainte-Victoire, Sainte-Victoire-de-Sorel, Québec J0G 1T0
Téléphone: 450 782-3535

CABANE À SUCRE LA BRANCHE
Marcel et Marie-France Desgroseilliers
565, Saint-Simon, Saint-Isidore, Québec J0L 2A0
Téléphone: 450 454-2045 • **Télécopieur:** 450 454-6720
info@labranche.ca • www.labranche.ca

CABANE À SUCRE
LA FEUILLE D'ÉRABLE
Monique Loiselle
158, rang des Soixante, Saint-Marc-sur-Richelieu, Québec J0L 2E0
Téléphone: 450 584-2350
www.lafeuillederable.com

CABANE À SUCRE LE SHACK
Daniel Laberge et Marie-Claude Caron
539, rivière des Fèves Nord, Saint-Urbain-Premier, Québec J0S 1Y0
Téléphone: 450 427-3776
elite_syl@hotmail.com • www.leshack.ca

CABANE À SUCRE MALOUIN
Jules Malouin et Danielle Hallé
2325, rang du Cordon, Saint-Jean-Baptiste, Québec J0L 2B0
Téléphone: 450 464-5557
info@cabaneasucre.net • www.cabaneasucre.net

CABANE À SUCRE MARIO FAILLE
Mario Faille
184, rang Saint-Louis, Saint-Chrysostome, Québec J0S 1R0
Téléphone: 450 826-3992

CABANE À SUCRE PAUL BLANCHARD
Claire Blanchard

751, rang des Trente Est, Saint-Marc-sur-Richelieu, Québec J0L 2E0
Téléphone : 450 584-2682 • **Télécopieur :** 450 584-3637

CABANE À SUCRE RÉAL BERNARD
Réal Bernard

1268, rue Denison Ouest, Granby, Québec J2G 8C6
Téléphone : 450 574-3348

CABANE À SUCRE ROGER OUIMET
Roger et Pierrette Ouimet

341, rang Saint-Charles, Saint-Chrysostome, Québec J0S 1E0
Téléphone : 450 826-3447

CABANE À SUCRE ROLLAND BOUVIER
Rolland Bouvier

519, rang Salvail, La Présentation, Québec J0H 1B0
Téléphone : 450 796-3309

CABANE DES PATRIOTES
Denis Duhamel et Michelle

1200, rang du Brûlé, Saint-Roch-de-Richelieu, Québec J0L 2M0
Téléphone : 450 785-3270

CABANE DU PICBOIS
André et Danielle Cardin Pollender

1468, chemin Gaspé, Brigham, Québec J2K 4B4
Téléphone : 450 263-6060
pic.bois@qc.aira.com

CHALET DU BOISÉ VARENNOIS
Jac Choquet

2200, chemin des Sucreries, Varennes, Québec J3X 1P7
Téléphone : 450 652-6598 • **Télécopieur :** 450 652-2437
info@chaletduboise.com • www.chaletduboise.com

DOMAINE DE LA SÈVE
Roger Desmarais et Chantal Saint-Pierre

562, Grand Rang Saint-François, Saint-Pie, Québec J0H 1W0
Téléphone : 450 772-5814
demaraisr@sympathico.ca • www.domainedelaseve.com

MONTÉRÉGIE

DOMAINE DE LA TEMPLERIE
Francois Guillon
312, rue New Erin, Huntingdon, Québec J0S 1H0
Téléphone : 450 264-9405
domainetemplerie@hotmail.fr • www.domainedelatemplerie.com

DOMAINE DE L'ÉRABLE
Michael Bazinet
400, rang des Érables, Sainte-Rosalie, Québec J0H 1X0
Téléphone : 450 799-3322
info@domainedelerable.com • www.domainedelerable.com

ÉRABLIÈRE 116
739, route 116, Sainte-Christine, Québec J0H 1H0
Téléphone : 450 394-2513

ÉRABLIÈRE À LA FEUILLE D'ÉRABLE
Jacques Meunier et François
156, chemin du Sous-Bois, Mont-Saint-Grégoire, Québec J0J 1K0
Téléphone : 450 460-7778 • **Télécopieur :** 450 460-3186
a_la_feuille_derable@videotron.ca • www.alafeuillederable.com

ÉRABLIÈRE AU CHALUMEAU
Denis Boucher
864, rang Chartier R.R. 2, Mont-Saint-Grégoire, Québec J0J 1K0
Téléphone : 450 347-5096 • **Télécopieur :** 450 347-9998

ÉRABLIÈRE AU PAIN DE SUCRE (CLUB DE GOLF)
1145, chemin Petit Bernier, Saint-Jean-sur-Richelieu, Québec J3B 6Y8
Téléphone : 450 346-6090 • **Télécopieur :** 450 346-6990
info@erablieredugolf.com • www.erablieredugolf.com

ÉRABLIÈRE AU TOIT ROUGE
Fernand Boucher
133, chemin du Sous-Bois, Mont-Saint-Grégoire, Québec J0J 1K0
Téléphone : 450 460-4304

ÉRABLIÈRE AUX DÉLICES DES SAISONS
Michel Lavallée et Chantal Brassard
875, rang du Brûlé, Saint-Roch-de-Richelieu, Québec J0L 2M0
Téléphone : 450 587-2465 • **Télécopieur :** 450 587-2717
buffetmichel@videotron.ca • www.buffetmichel.com

ÉRABLIÈRE BOUVIER ET FILS

Gaétan Bouvier

1007, rang Salvail Nord, La Présentation, Québec J0H 1B0

Téléphone: 450 796-2091 • **Télécopieur:** 450 796-5415

ÉRABLIÈRE CHARBONNEAU

Mélanie Charbonneau

45, chemin du Sous-Bois, Mont-Saint-Grégoire, Québec J0J 1K0

Téléphone: 450 347-9090 • **Télécopieur:** 450 358-1729

info@erablierecharbonneau.qc.ca • www.erablierecharbonneau.qc.ca

ÉRABLIÈRE CHICOINE

Jean-Marc Tétreault et Thérèse Marcoux

16980, avenue Guy, Saint-Hyacinthe, Québec J2R 1W1

Téléphone: 450 799-4323 • **Télécopieur:** 450 799-4626

info@erabliere-chicoine.ca • www.erabliere-chicoine.ca

ÉRABLIÈRE DE LA CHUTE

Charles Morin

1275, chemin Penelle, Upton, Québec J0H 2E0

Téléphone: 450 793-4295 • **Télécopieur:** 450 793-4213

erablierelachute@hotmail.com

ÉRABLIÈRE DE LA COLLINE

Guy D'Astous

107, rang 6, Saint-Damase, Québec G0J 2J0

Téléphone: 418 776-2116

ÉRABLIÈRE LA GOUDRELLE

Michel Gingras

136, chemin du Sous-Bois, Mont-Saint-Grégoire, Québec J0J 1K0

Téléphone: 450 460-2131 • **Télécopieur:** 514 460-2757

info@goudrelle.com • www.goudrelle.ca

ÉRABLIÈRE LA TIRE DORÉE

Yvan Gauthier

228, chemin du Ruisseau Nord, Saint-Clet, Québec J0P 1S0

Téléphone: 450 456-3254

MONTÉRÉGIE

ÉRABLIÈRE LA VIEILLE CABANE
317, rang Haut Corbin, Saint-Damase, Québec J0H 1J0
Téléphone: 450 797-2461

ÉRABLIÈRE LE ROSSIGNOL INC.
Jean Brissette
30, montée des 42, Sainte-Julie, Québec J3E 1Y1
Téléphone: 450 649-2020 • **Télécopieur:** 450 649-4366
info@lerossignol.ca • www.lerossignol.ca

ÉRABLIÈRE MALO
Diane Colette et Donald Girouard
20, rue de la Citadelle, Saint-Paul-d'Abbotsford, Québec J0E 1A0
Téléphone: 450 379-9700 • **Télécopieur:** 450 379-9455
www.chaletdelerable.com

ÉRABLIÈRE MAURICE JEANNOTTE
France Jeannotte et André Monahan
200, chemin de la Savane, Saint-Marc, Québec J0L 2E0
Téléphone: 450 584-2039 • **Télécopieur:** 450 584-2596
info@jeannotte.ca • www.jeannotte.ca

ÉRABLIÈRE RAYMOND MEUNIER ET FILS
Raymond et madame Meunier
325, rang des 54, Richelieu, Québec J3L 6R5
Téléphone: 450 347-0757 • **Télécopieur:** 450 357-1828
info@meunier.qc.ca • www.meunier.qc.ca

ÉRABLIÈRE RÉAL MARTEL
Réal Martel
91, route 291, L'Ange-Gardien, Québec J0E 1E0
Téléphone: 450 293-6434

ÉRABLIÈRE SAINT-LAURENT
Langlois et Saint-Laurent
1190, rue Principale, Saint-Roch-de-Richelieu, Québec J0L 2M0
Téléphone: 450 742-8034

ÉRABLIÈRE SAINT-VALENTIN
Gilles Potvin

283, 3e Ligne, Saint-Valentin, Québec J0J 2E0
Téléphone: 450 291-3414 • **Télécopieur:** 450 291-4403
www.erablierest-valentin.com

JOLI-SITE INC.
Denis et Johanne Bernard

920, le haut du petit rang Saint-François, Saint-Pie, Québec J0H 1W0
Téléphone: 450 772-5450

LA CABANE (voir p. 182)
Scena, pavillon Jacques Cartier, Quais du Vieux-Port, Montréal
Téléphone: 514 914-9661
www.lacabane.ca

LA CABANE CHEZ-NOUS
Madeline et Christian Dory

59, rang des Dix Terres, Rougemont, Québec J0L 1M0
Téléphone: 450 469-1850
c.dory@videotron.ca • www.cabanecheznous.com

LA COULÉE DU MONT SAINT-GRÉGOIRE
Richard Laberge

141, chemin du Sous-Bois, Mont-Saint-Grégoire, Québec J0J 1K0
Téléphone: 450 346-8565

LA MAISON AMÉRINDIENNE (voir p. 176)
510 montée des Trente, Mont-Saint-Hilaire, Québec J3H 2R8
Téléphone: 450 464-2500
info@maisonamerindienne.com • www.maisonamerindienne.com

LA SUCRERIE DU MONT SAINT-HILAIRE
Florian Poudrette ou Frédérick

1701, chemin des Carrières, Mont-Saint-Hilaire, Québec J0H 1S0
Téléphone: 450 446-9977 • **Télécopieur:** 450 467-0880
info@montsthilaire.com

LE CHALET DE L'ÉRABLE
Luc Girouard
20, rue de la Citadelle, Saint-Paul-d'Abbotsford, Québec J0E 1A0
Téléphone: 450 379-5678

L'ÉRABLIÈRE DU RUISSEAU
Ghislaine et François Besner
38, chemin du Ruiseau, Côteau-du-Lac, Québec J0P 1P0
Téléphone: 450 456-3916 • **Télécopieur:** 514 456-3916
www.erablieredutruisseau.com

L'ÉRABLIÈRE L'ANCESTRALE
Luc Picard
141, chemin du Sous-Bois, Mont-Saint-Grégoire, Québec J0J 1K0
Téléphone: 450 460-8883 • **Télécopieur:** 450 460-2734
erablierelancestrale@progression.net

LES PLAISIRS DE L'ÉRABLE
Mireille Louis-Seize
Service de cabane à sucre mobile
Téléphone: 514 512-5864 • **Télécopieur:** 450 584-2350
miseize@videotron.ca • www.cabaneasucremobile.com

LES QUATRE FEUILLES
Claude Archambault
360, rang de la Montagne, C.P. 70, Rougemont, Québec J0L 1M0
Téléphone: 450 469-3888 • **Télécopieur:** 450 469-4129
info@lesquatrefeuilles.com • www.lesquatrefeuilles.com

L'HERMINE SENC (voir p. 126)
212, rang Saint-Charles, Havelock, Québec J0S 2C0
Téléphone: 450 826-3358
info@hermine.ca • www.hermine.ca

LE PAVILLON DE L'ÉRABLE
Marcel Therrien
1281, rue Saint-Édouard, Saint-Jude, Québec J0H 1P0
Téléphone: 450 792-3011 • **Télécopieur:** 450 792-2029
info@pavillondelerable.com • www.pavillondelerable.com

MAPLERY NEIL PERKINS
Neil Perkins

1825, chemin Robinson, Dunham, Québec J0E 1M0
Téléphone : 450 538-3607

SUCRERIE DE LA SEIGNEURIE
2970, boulevard Harwood, Vaudreuil, Québec J7V 5V5
Téléphone : 450 455-2904 • **Télécopieur :** 450 424-7125

SUCRERIE DES GALLANT (voir p. 190)
1160, chemin Saint Henri, Très-Saint-Rédempteur, Québec J0P 1W0
Téléphone : 450 459-4241
www.gallant.qc.ca

SUCRERIE LA CABANE ROUGE
Nancy Verdonck

1377, chemin Saint-Guillaume, Sainte-Marthe, Québec J0P 1W0
Téléphone : 450 459-4467 • **Télécopieur :** 450 459-4261

SUCRERIE LAVIGNE
420, rang du Petit Brûlé, Rigaud, Québec J0P 1P0
Téléphone : 450 451-4482 • **Télécopieur :** 450 451-5049
www.sucrerielavigne.com

SUCRERIE LIONEL DE BELLEFEUILLE
Lionel de Bellefeuille

1553, chemin Saint-Guillaume, Sainte-Marthe, Québec J0P 1W0
Téléphone : 450 459-4442 • **Télécopieur :** 450 459-4442

LAURENTIDES

AU PIED DE L'ÉRABLE

8785, rang Saint-Vincent, Sainte-Scholastique, Mirabel, Québec J7N 2W5
Téléphone : 450 258-3864

RENSEIGNEMENTS GÉNÉRAUX

Date de l'ouverture : 1991
Horaire : De mars à avril, tous les jours sauf le lundi, samedi et
dimanche : • Deux services entre 11 h et 13 h
• Deux services entre 17 h et 19 h
Capacité d'accueil : 120 personnes
$ moyen : 14,50 $ en semaine, 20 $ en fin de semaine

REPAS

Menu : Traditionnel
Spécialités de la cabane : Pain, soupe aux pois, cretons, omelette,
saucisses à l'érable, oreilles de crisse, grands-pères dans le sirop,
galettes de sarrasin
Service : Aux tables à volonté
Tire : Sur la neige

ACTIVITÉS / SERVICES

En vente : • Sirop d'érable
• Produits de l'érable à emporter : sucre, beurre,
gelée, bonbons, tarte
• Plats cuisinés à emporter : soupe aux pois, oreilles
de crisse
Hors du temps des sucres : Location de salle

COMMODITÉS

PAIEMENT ACCEPTÉ

ALCOOL

ANIMATIONS

CABANE À SUCRE CONSTANTIN

1054, boulevard Arthur-Sauvé, Saint-Eustache, Québec J7R 4K3
Téléphone: 450 473-2374
www.constantin.ca

RENSEIGNEMENTS GÉNÉRAUX

Date de l'ouverture: 1941
Horaire: De mars à avril, du lundi au vendredi de 11 h à 20 h, samedi de 10 h à 20 h et dimanche de 10 h à 19 h
Capacité d'accueil: 950 personnes
$ moyen: • Adultes : 15,50 $ à 20 $
  • Enfants de 3 à 6 ans: 6 $ à 9 $
  • Enfants de moins de 2 ans: gratuit
    (limite d'un enfant par adulte)

REPAS

Menu: Traditionnel
Spécialités de la cabane: Pain canadien, soupe aux pois, marinades, omelette, cretons, saucisses à l'érable, jambon fumé à l'érable, fèves au lard, tarte au sucre, pouding chômeur
Service: Aux tables à volonté
Tire: Sur la neige

ACTIVITÉS/SERVICES

En vente: • Sirop d'érable
  • Produits de l'érable à emporter: sucre, bonbons, tarte
  • Plats cuisinés à emporter: soupes aux pois,
    oreilles de crisse, tourtières
Autres: • Pour les enfants : maquillage, caricatures, jeux gonflables
  • Activités spéciales pour les 50 ans et plus: méchoui,
    repas de cabane, journée champêtre
Hors du temps des sucres: • Location de salle
  • Service de traiteur sur place ou
    à l'extérieur du site
  • Repas et animations spécifiques pour
    les fêtes de Noël

COMMODITÉS

PAIEMENTS ACCEPTÉS

ALCOOL

ANIMATIONS

LAURENTIDES

CABANE À SUCRE NANTEL

312, chemin du Lac Bertrand, Saint-Hippolyte, Québec J8A 1C4
Téléphone : 450 436-4406
www.cabaneasucrenantel.com

RENSEIGNEMENTS GÉNÉRAUX

Date de l'ouverture : 1974
Horaire : • De mars à avril, tous les jours de 10 h à 23 h
       • Sur réservation le restant de l'année
Capacité d'accueil : 196 personnes
$ moyen : 19 $

REPAS

Menu : Traditionnel
Spécialités de la cabane : Soupe aux pois, fèves au lard,
oreilles de crisse, jambon fumé à l'érable, saucisses dans le sirop
Service : Aux tables à volonté
Tire : Sur la neige

ACTIVITÉS / SERVICES

En vente : • Sirop d'érable
       • Produits de l'érable à emporter : sucre, beurre,
         gelée, bonbons
Autres : Mini ferme pour les enfants
Hors du temps des sucres : • Location de salle
              • Service de traiteur sur place,
               cuisine gastronomique

COMMODITÉS

PAIEMENTS ACCEPTÉS

ALCOOL

ANIMATIONS

ÉRABLIÈRE LES 4 PRINTEMPS

30, montée Leblanc, Ferme-Neuve, Québec J0W 1C0
Téléphone : 819 587-4340

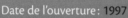

RENSEIGNEMENTS GÉNÉRAUX

Date de l'ouverture : 1997
Horaire : • De mars à avril, tous les jours de 9 h à 20 h
           • Sur réservation le restant de l'année
Capacité d'accueil : 150 personnes

REPAS

Menu : Traditionnel et cuisine québecoise
Service : Aux tables à volonté
Tire : Sur la neige

ACTIVITÉS / SERVICES

En vente : • Sirop d'érable
        • Produits de l'érable à emporter : sucre, beurre,
          gelée, bonbons, tarte au sirop
        • Plats cuisinés à emporter : soupe aux pois, oreilles
          de crisse
Hors du temps des sucres : • Location de salle
                       • Service de traiteur sur place ou
                         à l'extérieur du site

COMMODITÉS

PAIEMENT ACCEPTÉ

ALCOOL

ANIMATIONS

LAURENTIDES

LA P'TITE CABANE D'LA CÔTE

5885, boulevard Arthur-Sauvé, Mirabel, Québec J7N 2W4
Téléphone : 514 990-2708
www.petite-cabane.com

RENSEIGNEMENTS GÉNÉRAUX

Date de l'ouverture : 1984
Horaire : De mars à avril, tous les jours de la semaine,
midi et soir, sur réservation
Capacité d'accueil : 180 personnes
$ moyen : 20 $

COMMODITÉS

REPAS

Menu : Traditionnel
Spécialités de la cabane : Marinades, soupe aux trois pois,
pain maison, jambon fumé Belle-Rivière, fèves au lard, tourtière
individuelle au veau, oreilles de crisse, grands-pères dans le sirop
Service : Aux tables à volonté
Tire : Sur la neige

PAIEMENT ACCEPTÉ

ACTIVITÉS/SERVICES

En vente : • Sirop d'érable
   • Produits de l'érable à emporter : sucre, beurre,
     gelée, bonbons
   • Plats cuisinés à emporter : oreilles de crisse
Autres : Mini-ferme
Hors du temps des sucres : • Location de salle
   • Service de traiteur sur place,
     table champêtre

ALCOOL

ANIMATIONS

SOUS LE CHARME DES ÉRABLES

1062, boulevard Arthur-Sauvé, Saint-Eustache, Québec J7R 4K3
Téléphone: 418 849-0066
www.souslecharme.ca

COMMODITÉS

RENSEIGNEMENTS GÉNÉRAUX

Date de l'ouverture: 2007
Horaire: De mars à avril, samedi de 11 h à 20 h et dimanche de 11 h à 14 h
Capacité d'accueil: 450 personnes
$ moyen: 23 $

PAIEMENTS ACCEPTÉS

REPAS

Menu: Traditionnel
Spécialités de la cabane: Soupe aux pois, fèves au lard, grillades de lard et bacon, saucisses dans le sirop, jambon fumé à l'érable, tarte au sucre, pouding chômeur
Service: Buffet à volonté
Tire: Sur la neige

ALCOOL

ACTIVITÉS/SERVICES

En vente: • Sirop d'érable
• Produits de l'érable à emporter: sucre, beurre, gelée, bonbons, tarte au sucre
• Plats cuisinés à emporter: tartes diverses, tourtières
Autres: • Mini-ferme
• Jeux gonflables
• Théâtre de marionnettes
• Maison de poupées
• Animation
Hors du temps des sucres: • Location de salle
• Service de traiteur: cuisine québécoise, cuisine internationale, cuisine gastronomique

ANIMATIONS

LAURENTIDES

SUCRERIE DU MONT-BLEU

7792, rang de la Fresnière, Saint-Benoît, Mirabel, Québec J7N 2R9
Téléphone : 450 258-2789
www.sucreriemont-bleu.com

RENSEIGNEMENTS GÉNÉRAUX

Date de l'ouverture : 1995
Horaire : • De mars à avril, la fin de semaine de 11 h à 19 h
        • Sur réservation le restant de l'année
Capacité d'accueil : 325 personnes
$ moyen : 20 $

REPAS

Menu : Traditionnel ou repas champêtre
Spécialités de la cabane : Cretons, soupe aux pois, fèves au lard,
jambon au sirop d'érable, oreilles de crisse, tarte à la crème
d'érable, gâteau mousse à l'érable, pouding chômeur
Service : Aux tables à volonté
Tire : Sur la neige

ACTIVITÉS / SERVICES

En vente : • Sirop d'érable
        • Produits de l'érable à emporter : sucre, beurre,
          gelée, bonbons, tarte au sirop
        • Plats cuisinés à emporter : gelée de pommettes
Autres : • Glissades
        • Animation de groupes scolaires (amenez
          votre musique)
Hors du temps des sucres : • Location de salle
                • Service de traiteur sur place,
                  cuisine québécoise

COMMODITÉS

PAIEMENTS ACCEPTÉS

ALCOOL

ANIMATIONS

AU GRÉ DES SAISONS

Claude et Marie-Claude Charbonneau

288, rang Sainte-Germaine, Oka, Québec J0N 1E0

Téléphone: 450 479-1010 • **Télécopieur:** 450 473-0112

info@augredessaisons.com • www.augredessaisons.com

CABANE À SUCRE ARTHUR RAYMOND

Martine Raymond

430, chemin Avila, Piedmont, Québec J0R 1K0

Téléphone: 450 224-2569

CABANE À SUCRE AU PIED DE LA COLLINE INC.

Luc Plamondon

999, Edmond, Prévost, Québec J0R 1T0

Téléphone: 450 224-4906 • **Télécopieur:** 450 224-9121

info@aupieddelacolline.com • www.aupieddelacolline.com

CABANE À SUCRE BERTRAND

Michel Bertrand et Monique Lapointe

9500, côte des Anges, Sainte-Scolastique, Mirabel, Québec J7N 2W2

Téléphone: 450 475-8557 • **Télécopieur:** 450 475-8557

CABANE À SUCRE BOUVRETTE

François Bouvrette et Denise Saint-Vincent

1000, rue Nobel, Saint-Jérôme, Québec J7Z 7A3

Téléphone: 450 438-4659 • **Télécopieur:** 450 438-8973

cabanebouvrette@videotron.ca • www.bouvrette.ca

CABANE À SUCRE CHEZ GAGNON

Monique et Yvon Belisle

3525, rang Saint-Hyacinthe, Saint-Hermas, Mirabel, Québec J7N 2Z9

Téléphone: 450 258-3043 • **Télécopieur:** 450 258-3043

info@cabaneasucrechezgagnon.com

www.cabaneasucrechezgagnon.com

CABANE À SUCRE CHEZ LUC

1463, chemin des Éperviers, Lac-Nominingue, Québec J0W 1R0

Téléphone: 819 278-4466

LAURENTIDES

CABANE À SUCRE CHEZ RÉAL ENR.
Denise Nadeau
800, chemin Guénette, Lac-Saguay, Québec J0W 1H0
Téléphone: 819 525-4254 • **Télécopieur:** 819 525-3114

CABANE À SUCRE D'AMOURS ENR.
Sylvain D'Amours, Denis P. et Josée B.
427, 5e Avenue, Sainte-Anne-des-Plaines, Québec J0N 1H0
Téléphone: 450 478-1377 • **Télécopieur:** 450 478-1377
info@damours.ca • www.damours.ca

CABANE À SUCRE DE L'ÉRABLIÈRE M.S.
Jacques Martin et Stéphanie
1443, chemin de la Lièvre Sud, Mont-Laurier, Québec J0W 1J0
Téléphone: 819 623-2176

CABANE À SUCRE DU CÔTEAU
Michel Lalande
2200, côteau des Hêtres Sud, Saint-André d'Argenteuil, Québec J0V 1X0
Téléphone: 450 537-3768 • **Télécopieur:** 450 537-1302
info@coteau.ca • www.coteau.ca

CABANE À SUCRE FAMILLE ÉTHIER
7940, rang Saint-Vincent, Saint-Benoît, Mirabel, Québec J0N 1K0
Téléphone: 450 258-3807

CABANE À SUCRE GAGNON
2643, rue Principale, Saint-Joseph-du-Lac, Québec J0N 1M0
Téléphone: 450 473-4105

CABANE À SUCRE GILBERT ÉTHIER
Gilbert Éthier
7766, rang Saint-Vincent, Saint-Benoît, Mirabel, Québec J7N 2H1
Téléphone: 450 258-3807

CABANE À SUCRE JOSAPHAT
Andrée Drouin
148, chemin Rockway Valley, Huberdeau, Québec J0T 1G0
Téléphone: 819 687-3689

CABANE À SUCRE LACHAINE

75, chemin de la Lièvre, Kiamika, Québec J0V 1G0
Téléphone: 819 623-3537

CABANE À SUCRE LALANDE

Claude et Marie-Claude Charbonneau
862, montée Laurin, Saint-Eustache, Québec J7R 4K3
Téléphone: 450 473-3357 • **Télécopieur:** 450 473-0112
info@lalande.ca • www.lalande.ca

CABANE À SUCRE LAVALLÉE

Yvon Lavallée et Lorraine Lauzon
8780, rang Saint-Vincent, Mirabel, Québec J7N 2T6
Téléphone: 450 258-3759 • **Télécopieur:** 450 258-3750
info@cabaneasucrelavallee.ca • www.cabaneasucrelavallee.ca

CABANE À SUCRE LEFEBVRE

Jeannette Lefebvre
10080, rang La Fresnière, Saint-Benoît, Mirabel, Québec J7N 2R9
Téléphone: 450 258-3508

CABANE À SUCRE LÉONARD

Hubert et Irenée Léonard
1443, chemin de la Lièvre Sud, Mont-Laurier, Québec J9L 3G3
Téléphone: 819 623-2176 • **Télécopieur:** 819 597-2193

CABANE À SUCRE MILLETTE INC.

Luc, Benoît et Monique Millette
1357, rue Faustin, C.P. 66, Saint-Faustin-Lac-Carré, Québec J0T 1J3
Téléphone: 819 688-2101 • **Télécopieur:** 819 688-2043
info@millette.ca • www.millette.ca • www.tremblant-sugar-shack.com

CABANE À SUCRE PAQUETTE ENR.

Mario Paquette et Benoît
419, 5e avenue, Sainte-Anne-des-Plaines, Québec J0N 1H0
Téléphone: 450 478-1074 • **Télécopieur:** 450 478-0738
info@cabaneasucre.ca • www.cabaneasucre.ca

LAURENTIDES

CABANE À SUCRE ROSAIRE GAGNON
Rosaire Gagnon
270, 1e avenue, Sainte-Anne-Des-Plaines, Québec J0N 1H0
Téléphone: 450 478-2090

CABANE À SUCRE VIATEUR MONDU
Viateur Mondu
3268, route 344, Saint-Placide, Québec J0V 2B0
Téléphone: 450 258-4950

CABANE CHEZ RENAUD ET FILS
Jean Renaud et Fils
1034, boulevard Arthur-Sauvé, Saint-Eustache, Québec J7R 4K3
Téléphone: 450 473-3943 • **Télécopieur:** 450 473-3943

CABANE HÉLÈNE ET PHILIPPE
1944, rang du Domaine, Saint-Joseph-du-Lac, Québec J0N 1M0
Téléphone: 450 623-0687

CHALET DES ÉRABLES (voir p. 130)
384, montée Gagnon, Sainte-Anne-des-Plaines, Québec J0N 1H0
Téléphone: 450 478-0822
www.chaletdeserables.com

DOMAINE DE L'ÉRABLIÈRE
Manon et Bruno
131, chemin de la Rouge, Huberdeau, Québec J0T 1G0
Téléphone: 819 687-3553

DOMAINE MAGALINE INC.
Louis-Marie Boivin et Magaline Maclean
7091, montée Villeneuve, Saint-Augustin, Mirabel, Québec J7N 2H1
Téléphone: 450 258-4132 • **Télécopieur:** 450 258-4304
domainemagaline@yahoo.fr • www.domainemagaline.com

ÉRABLIÈRE AUX 2 PIERROTS
Pierre Giroux
877, chemin d'Entrelacs, Entrelacs, Québec J0T 2E0
Téléphone: 450 228-1113

ÉRABLIÈRE DE LA VALLÉE

Alain et Denis Meilleur

2875, montée Sauvage, Saint-Adolphe-d'Howard, Québec J0T 2B0

Téléphone: 819 327-2586

ÉRABLIÈRE D'OKA

Pierre Sauriol

515, rang de l'Annonciation, Oka, Québec J0N 1E0

Téléphone: 450 479-1062

info@erabliere-oka.com • www.erabliere-oka.com

ÉRABLIÈRE DU SANGLIER (voir p. 186)

8405, chemin St-Jérusalem, Lachute, Québec. J8H 2C5

Téléphone: 514 731-0808

nkerbrat@sympatico.ca • erablieredusanglier.com

ÉRABLIÈRE JEAN LABELLE INC.

Paul Labelle

755, rue Dubois, Saint-Eustache, Québec J7P 3W1

Téléphone: 450 472-5010 • **Télécopieur:** 450 472-5010

www.erabliere.ca

ÉRABLIÈRE MÉLANIE GRENIER

Mélanie Grenier

66, chemin Valiquette, Kiamika, Québec J0W 1G0

Téléphone: 819 585-2131

ÉRABLIÈRE OUELLET

Monique Cloutier

216, rang 2 Gravel Nord, Mont-Saint-Michel, Québec J0W 1P0

Téléphone: 819 587-2554 • **Télécopieur:** 819 587-2999

LA CABANE AU PIGNON BLEU

Aimé Plouffe

9150, boulevard Saint-Canut, Mirabel, Québec J7N 1P3

Téléphone: 450 436-1167

LAURENTIDES

LA SUCRERIE ET VERGER
À L'ORÉE DU BOIS ET FILS

Yvon Melançon et Nancy Fournier

11382, rang La Fresnière, Saint-Benoît, Mirabel, Québec J7N 2R9

Téléphone: 450 258-2976 • **Télécopieur:** 450 258-4757

LA VILLA DU SIROP

André et Lucille Lavallée

1050, boulevard Arthur-Sauvé, Saint-Eustache, Québec J7R 4K3

Téléphone: 450 473-3840 • **Télécopieur:** 450 473-3860

info@villadusirop.com • www.villadusirop.com

LE BÛCHERON

Alain Brunet et Claude Taillefer

500, chemin Principal, Saint-Eustache, Québec J0N 1M0

Téléphone: 450 473-6845 • **Télécopieur:** 450 473-6845

info@bucheron.ca • www.bucheron.ca

LE CHALET DU RUISSEAU INC.

Alain Brunet et Lise Taillefer

12570, rang Fresnière, Saint-Benoît, Mirabel, Québec J7N 2R9

Téléphone: 450 258-3176 • **Télécopieur:** 450 258-4226

info@ruisseau.ca • www.chaletduruisseau.com

SUCRERIE À L'EAU D'ÉRABLE

7870, rang Saint-Vincent, Saint-Benoît, Mirabel, Québec J0N 1K0

Téléphone: 450 258-3633

CABANE À SUCRE NORMAND LAFORTUNE

70, rue Ricard, Saint-Alexis-de-Montcalm, Québec J0K 1T0
Téléphone : 450 839-3431
www.cabanelafortune.com

RENSEIGNEMENTS GÉNÉRAUX

Date de l'ouverture : 1960
Horaire : De mars à avril, tous les jours de 11 h à 20 h
Capacité d'accueil : 280 personnes
$ moyen : 16 $

REPAS

Menu : Traditionnel
Spécialités de la cabane : Soupe aux pois, omelette,
fèves au lard, saucisson dans le sirop, oreilles de crisse,
tarte au sucre, crêpes soufflées
Service : Aux tables à volonté
Tire : Sur la neige

ACTIVITÉS/SERVICES

En vente : • Sirop d'érable
  • Produits de l'érable à emporter : sucre, beurre,
    gelée, bonbons, tarte au sirop
  • Plats cuisinés à emporter : pâté au poulet,
    tourtières, tartes diverses
Hors du temps des sucres : • Location de salle
  • Service de traiteur sur place ou
    à l'extérieur du site
  • Repas et animations spécifiques
    pour les fêtes de Noël

COMMODITÉS

PAIEMENT ACCEPTÉ

ALCOOL

ANIMATIONS

LANAUDIÈRE

CABANE À SUCRE OSIAS
160, rang Petite Ligne, Saint-Alexis-de-Montcalm, Québec J0K 1T0
Téléphone : 450 839-5670

RENSEIGNEMENTS GÉNÉRAUX
Date de l'ouverture : 1987
Horaire : De mars à avril, tous les jours
Capacité d'accueil : 130-140 personnes
$ moyen : 20 $

REPAS
Menu : Traditionnel
Spécialités de la cabane : Soupe aux pois, oreilles de crisse,
saucisses à l'érable, crêpes, tarte au sirop
Service : Aux tables à volonté
Tire : Sur la neige

COMMODITÉ

PAIEMENTS ACCEPTÉS

ALCOOL

ANIMATIONS

CABANE À SUCRE ALCIDE PARENT

Michelle et Réginald Parent

1600, route 343, Saint-Ambroise, Joliette, Québec J0K 1C0

Téléphone: 450 756-2878

info@alcideparent.com • www.alcideparent.com

CABANE À SUCRE ARMAND GARIÉPY

Isabelle Gariépy

1161, rang Sainte-Cécile, Sainte-Marcelline-de-Kildare, Québec J0K 2Y0

Téléphone: 450 883-6162 • **Télécopieur:** 450 883-8417

CABANE À SUCRE CHEZ GUY

Angèle Grégoire

1091, rang 9, Saint-Ambroise-de-Kildare, Québec J0K 1C0

Téléphone: 450 752-0743

stclairmont@hotmail.com

CABANE À SUCRE CHEZ MICHEL

Michel Croft

1248, côte Georges, Mascouche, Québec J7K 3C2

Téléphone: 514 727-8977

CABANE À SUCRE CONSTANTIN GRÉGOIRE

Denise et Andrée Grégoire

184, rang des Continuations, Saint-Esprit, Québec J0K 2L0

Téléphone: 450 839-2305 • **Télécopieur:** 450 839-7966

info@constantin-gregoire.qc.ca • www.constantin-gregoire.qc.ca

CABANE À SUCRE CYSSIE

Cécile Gadoury

340, 1er Rang Ramsay, Saint-Félix-de-Valois, Québec J0K 2M0

Téléphone: 450 889-4442 • **Télécopieur:** 450 889-4656

cissie@life.ca

CABANE À SUCRE DE LA RIVIÈRE

154, rue de la Sucrerie Ouest, Saint-Alphonse-Rodriguez, Québec J0K 1W0

Téléphone: 514 883-1311 • **Télécopieur:** 514 883-1827

LANAUDIÈRE

CABANE À SUCRE GASTON MAJEAU
Gaston Majeau
138, route 125, Saint-Esprit, Québec J0K 2L0
Téléphone: 450 839-2888

CABANE À SUCRE JACQUES GRÉGOIRE
Jacques Grégoire
115, rang des Pins, Saint-Esprit, Québec J0K 2L0
Téléphone: 450 839-3506
lyne_gregoire83@hotmail.com • www.cabanegregoire.com

CABANE À SUCRE NORMAND PAYETTE ENR.
Normand Payette
123, rang des Continuations, Saint-Esprit, Québec J0K 2L0
Téléphone: 450 839-7142

CABANE À SUCRE P ET G VARIN
Ghislaine Varin
1651, rang des Continuations, Saint-Jacques-de-Montcalm, Québec J0K 2R0
Téléphone: 450 839-2478
info@cabanepgvarin.com • www.cabanepgvarin.com

CABANE À SUCRE PELLETIER ET FILS
Diane et Gaston Pelletier
509, montée Cadot, Sainte-Julienne, Québec J0K 2T0
Téléphone: 450 439-6741

CABANE À SUCRE ROLLAND ROBERGE
Rolland Roberge
2915, chemin des Cascades, Saint-Damien-de-Brandon, Québec J0K 2E0
Téléphone: 450 835-2410 • **Télécopieur**: 450 835-2410
(Prière de téléphoner à l'avance.)

CABANE À SUCRE SAINT-JACQUES
Roger Majeau
1666, rang des Continuations, Saint-Jacques-de-Moncalm, Québec J0K 2R0
Téléphone: 514 839-3898

CABANE BRUNEAU

Dominic Desmarais

761, 10e Rang Sud, Sainte-Marcelline, Québec J0K 2Y0

Téléphone: 450 883-1515 • **Télécopieur:** 450 883-1515

(Prière de téléphoner à l'avance.)

www.erablierebruneau.com

CABANE CHEZ JACQUES

Mario Gagné

1010, côte Georges, Saint-Roch-de-L'Achigan, Québec J0K 3H0

Téléphone: 450 588-5645 • **Télécopieur:** 450 966-9119

CABANE CHEZ MONIQUE

Éric Riendeau

1191, rang Du Bas-de-l'Assomption Sud, L'Assomption, Québec J5W 2A6

Téléphone: 450 589-4483 • **Télécopieur:** 450 654-4796

www.cabanechezmonique.ca

CABANE CHEZ OSWALD

Denise Comptois

222, rang des Continuations, Saint-Esprit, Québec J0K 2L0

Téléphone: 450 839-6152

info@cabaneasucreoswald.ca • www.cabaneasucreoswald.ca

CABANE CHEZ PÉPÈRE

Lise Desrosiers et Serge Robert

2975, rang Saint-Jacques, Saint-Jacques-de-Moncalm, Québec J0K 2R0

Téléphone: 450 839-3369 • **Télécopieur:** 450 839-3369

info@cabanechezpepere.com • www.cabanechezpepere.com

CABANE CHEZ RAINVILLE

Claude et Louise Rainville

480, route Louis-Cyr, Saint-Jean-de-Matha, Québec J0K 2S0

Téléphone: 450 886-5394 • **Télécopieur:** 450 886-1882

CABANE CHEZ TI-VIC

Normand Archambault et Denise Comtois

981, chemin de la Cabane, Sainte-Émélie-de-L'Énergie, Québec J0K 2K0

Téléphone: 450 835-1964 • **Télécopieur:** 450 835-1356

CABANE DES SPORTIFS
Germain et Christina Majeau
204, rang Montcalm, Saint-Esprit, Québec J0K 2L0
Téléphone : 450 839-3283 • **Télécopieur :** 450 839-6768
info@cabaneasucredessportifs.com • www.cabaneasucredessportifs.com

CABANE DUPUIS
Michel Ricard et Josée Lanctôt
1705, rang des Continuations, Saint-Jacques-de-Moncalm, Québec J0K 2R0
Téléphone : 450 839-2672 • **Télécopieur :** 450 839-9245
info@cabanedupuis.com • www.cabanedupuis.com

CABANE GAÉTAN FISETTE
Alain Fisette
81, autoroute 31, Lavaltrie, Québec J0K 1H0
Téléphone : 450 586-4346

CABANE RAYMOND ROBERGE
Raymond Roberge
101, domaine Roberge, Saint-Jean-de-Matha, Québec J0K 2S0
Téléphone : 450 835-2411

CABANE À SUCRE AU SENTIER DE L'ÉRABLE
Josée Majeau et Gabriel Saint-Jean
440, rang Montcalm, Sainte-Julienne, Québec J0K 2T0
Téléphone : 450 831-2472 • **Télécopieur :** 450 831-1184
info@ausentierdelerable.com • www.ausentierdelerable.com

CHEZ L'PÈRE GEORGES 2000
Lucie Payette
189, chemin des Commissaires, L'Assomption, Québec J5W 2T6
Téléphone : 450 589-6155 • **Télécopieur :** 450 589-6425
paullucie@hotmail.com

DOMAINE DE LA TOURNÉE INC.
50, chemin de la Carrière, Saint-Alexis, Québec J0K 1T0
Téléphone : 450 839-6210

DOMAINE DES CERFS

Daniel Duguay Limoges

3183, avenue de l'Église, Chertsey, Québec J0K 3K0

Téléphone: 450 882-2326 • **Télécopieur:** 450 882-2326

info@domainedescerfs.qc.ca • www.domainedescerfs.qc.ca

ÉRABLIÈRE AU GODENDART

Mario Gagné

1111, côte Georges, Saint-Roch-de-L'Achigan, Québec J0K 3H0

Téléphone: 450 966-0880 • **Télécopieur:** 450 966-9119

ÉRABLIÈRE AU RYTHME DES TEMPS

Josée Daigle et Mario Chrétien

280, côte Jeanne, Saint-Lin-Laurentides, Québec J5M 1X9

Téléphone: 450 439-8055

couvreurm@bellnet.ca

ÉRABLIÈRE AURÉLIEN GRÉGOIRE

Daniel Grégoire

701, rang 10, Sainte-Marcelline, Québec J0K 2Y0

Téléphone: 450 883-8804

ÉRABLIÈRE DES DEUX RIVIÈRES

777, chemin des Deux Rivières, Crabtree Mills, Québec J0K 1B0

Téléphone: 450 754-4916

ÉRABLIÈRE GRAVEL ET MILLS

Léonidas Gravel et Jean-François Mills

100a, chemin Nathalie, Saint-Jean-de-Matha, Québec J0K 2S0

Téléphone: 450 835-5280

ÉRABLIÈRE JEAN PARENT (voir p. 134)

1571, route 343 Nord, Saint-Ambroise-de-Kildare, Québec J0K 1C0

erabparent@sympatico.ca

www.mondialweb.qc.ca/erablierejeanparent

LANAUDIÈRE

ÉRABLIÈRE LA SÈVERIE ENR.
Réjean Gouin et Germain
1801, chemin de l'Érablière, Saint-Michel-des-Saints, Québec J0K 3B0
Téléphone: 450 833-2647 • **Télécopieur:** 450 833-2191
rejean.gouin@satelcom.qc.ca

ÉRABLIÈRE LA TRADITION
Rita Beauseigle
165, rang des Continuations, Saint-Esprit, Québec J0K 2L0
Téléphone: 450 839-7123
info@latradition.net • www.latradition.net

ÉRABLIÈRE LES FEMMES COLLIN
Sylvianne et Jacques Collin
248, rang des Continuations, Saint-Esprit, Québec J0K 2L0
Téléphone: 450 839-6105 • **Télécopieur:** 450 839-7918
info@collin.ca • www.collin.ca

ÉRABLIÈRE PAIN DE SUCRE
Simon Archambeault
100, rang Sainte-Mélanie, Saint-Jean-de-Matha, Québec J0K 2S0
Téléphone: 450 886-2125

ÉRABLIÈRE RÉAL SAINT-ANDRÉ
Réal Saint-André
338, ruisseau Saint-Jean Sud, Saint-Roch-de-L'Achigan, Québec J0K 3H0
Téléphone: 450 588-3401

ÉRABLIÈRE RENÉ VINCENT
René Vincent
797, petit rang, Saint-Thomas, Québec J0K 3L0
Téléphone: 450 759-5275 • **Télécopieur:** 450 759-6569

ÉRABLIÈRE VERGER VARIN
Nicole et Raynald Varin
300, rang Sainte-Germaine, Oka, Québec J0N 1E0
Téléphone: 450 479-6232

FERME AUX PLAISIRS D'ÉRABLE
Sonia Abreu et André Plouffe
49a, route 125, Saint-Esprit, Québec J0K 2L0
Téléphone: 514 831-2504 • **Télécopieur:** 450 588-7084

FERME DES ÉRABLES RENÉ VINCENT
797, Petit Rang, Saint-Thomas, Québec J0K 3L0
Téléphone: 450 759-5275

FERME MYCALIN
Jocelin et Pascal Thuot
116, rang Petite Ligne, Saint-Alexis, Québec J0K 1T0
Téléphone: 450 839-6192

FRIAND-ÉRABLE LANAUDIÈRE
189, rang Guillaume Tell, Saint-Jean-de-Matha, Québec J0K 2S0
Téléphone: 450 886-3614

LA GUIL'BOUILLE
Gaston et Dolorès Guilbeault
396a, domaine des Marais, Saint-Roch-de-l'Achigan, Québec J0K 3H0
Téléphone: 450 588-3778 • **Télécopieur:** 514 966-0636

LA PETITE COULÉE DE SAINT-ESPRIT
Sylvie Grégoire et Richard Bergeron
143, rang des Continuations, Saint-Esprit, Québec J0K 2L0
Téléphone: 450 839-2718 • **Télécopieur:** 450 839-3501
info@coulee.ca • www.coulee.ca

L'ÉRABLIÈRE AUX FENDILLES SUCRÉES
Claude et Benoît Beaucage
201b, côte Saint-Louis, route 158, Saint-Esprit, Québec J0K 2L0
Téléphone: 450 753-6174 • **Télécopieur:** 450 839-7381
henrigregoire@intermonde.net • www.lesfendillessucrees.com

LANAUDIÈRE

L'ÉRABLIÈRE D'AUTREFOIS
Thérèse Charpentier et Yves Rivest
560, montée Saint-Marie, L'Assomption, Québec J5W 5E4
Téléphone: 450 588-0165 • **Télécopieur:** 450 588-0165
erablieredautrefois@qc.aira.com • www.erablieredautrefois.com

LES SUCRERIES DES AÏEUX
2465, chemin Notre-Dame-de-la-Merci, Notre-Dame-de-la-Merci,
Québec J0T 2A0
Téléphone: 819 424-7476

SUCRERIE DE LA MONTAGNE NOIRE
Johanne Beauchamps et Luc Saint-Denis
148, chemin du Lac de la Montagne Noire, Saint-Donat, Québec J0T 2C0
Téléphone: 819 424-7722 • **Télécopieur:** 819 424-7726

CABANE À SUCRE NAPERT

449, route Montgomery, Saint-Sylvestre, Québec G0S 3C0
Téléphone : 418 596-2293
www.napert.ca

RENSEIGNEMENTS GÉNÉRAUX

Date de l'ouverture : 1947
Horaire : • De mars à avril, tous les jours de 10 h à 23 h
• Sur réservation le restant de l'année
Capacité d'accueil : 400 personnes
$ moyen : 18 $

REPAS

Menu : Traditionnel
Spécialités de la cabane : Soupe aux pois, fèves au lard,
oreilles de crisse, jambon à l'érable, saucisses à l'ancienne, crêpes
Service : Aux tables à volonté
Tire : Sur la neige

ACTIVITÉS / SERVICES

En vente : • Sirop d'érable
• Produits de l'érable à emporter : sucre, beurre,
gelée, tarte au sirop
• Plats cuisinés à emporter
Autres : Tour en train dans l'érablière
Hors du temps des sucres : • Location de salle
• Service de traiteur : cuisine de
cabane, cuisine québécoise,
cuisine internationale,
cuisine à thème, cuisine
gastronomique, méchoui

COMMODITÉS

PAIEMENTS ACCEPTÉS

ALCOOL

ANIMATIONS

CABANE DES GAGNON

505, route Calway, Saint-Joseph-de-Beauce, Québec G0S 2V0
Téléphone : 418 397-5635

RENSEIGNEMENTS GÉNÉRAUX

Date de l'ouverture : 1970
Horaire : • Ouvert toute l'année
• De mars à avril, en semaine : sur réservation et
les fins de semaine de 10 h à minuit
Capacité d'accueil : 150 personnes
$ moyen : 20 $

REPAS

Menu : Traditionnel
Spécialités de la cabane : Soupe aux pois, fèves au lard,
bijou à l'érable
Service : Aux tables à volonté
Tire : Sur la neige

ACTIVITÉS / SERVICES

En vente : • Sirop d'érable
• Produits de l'érable à emporter : sucre, beurre,
gelée, bonbons
• Plats cuisinés à emporter
Autres : Glissades
Hors du temps des sucres : • Location de salle
• Service de traiteur sur place ou
à l'extérieur du site,
cuisine québécoise

COMMODITÉS

PAIEMENT ACCEPTÉ

ALCOOL

ANIMATIONS

CABANE À SUCRE RAYMOND VACHON

165, route Langevin, Saint-Odilon, Beauce, Québec G0S 3A0
Téléphone : 418 464-4636
www.cvachon.ca

RENSEIGNEMENTS GÉNÉRAUX

Date de l'ouverture : 1987
Horaire : • De mars à avril, tous les jours de 11 h à minuit,
  dîner à 12 h, souper à 18 h
  • Sur réservation le restant de l'année
Capacité d'accueil : 170 personnes
$ moyen : • Adultes : 17,50 $
  • Enfants de 4 à 13 ans : 7 $ à 12 $

REPAS

Menu : Traditionnel
Spécialités de la cabane : Pain à l'ancienne, soupe aux pois, marinades, fèves au lard, ragoût à l'ancienne, patates à la pelure, grillades de lard salé, jambon, omelette, crêpes dans le sirop d'érable
Service : Aux tables à volonté
Tire : Sur la neige

ACTIVITÉS/SERVICES

En vente : • Sirop d'érable
  • Produits de l'érable à emporter : sucre, beurre, gelée, bonbons, pain d'érable, tire sur la neige
Hors du temps des sucres : • Repas servis sur réservation
  • Service de traiteur : à l'extérieur de la cabane

ÉRABLIÈRE DU BOIS-JOLI

896, route de l'Église, Saint-Jean-Port-Joli, Québec G0R 3G0
Téléphone : 418 598-6686
www.quebecweb.com/boisjoli

RENSEIGNEMENTS GÉNÉRAUX

Date de l'ouverture : 1990
Horaire : • Du 15 mars au 15 mai, vendredi, samedi et dimanche
       • Sur réservation la fin de semaine et les soirs
Capacité d'accueil : 100 personnes
$ moyen : 15 $

REPAS

Menu : Traditionnel
Spécialités de la cabane : Soupe, fèves au lard, omelette au jambon, tourtière, chiard blanc, jambon au sirop d'érable, crêpes
Service : Buffet ou service aux tables à volonté
Tire : Sur la neige

ACTIVITÉS/SERVICES

En vente : • Sirop d'érable
       • Produits de l'érable à emporter : sucre, sucre dur, beurre, gelée, caramel, bonbons, moutarde à l'érable, vinaigrette, confit d'oignons
       • Plats cuisinés à emporter : (mars à octobre) soupe aux pois, tourtières
Hors du temps des sucres : • Location de salle
       • Service de traiteur : Sur place ou à l'extérieur du site, cuisine québécoise

COMMODITÉS

PAIEMENTS ACCEPTÉS

ALCOOL

ANIMATIONS

ÉRABLIÈRE R.S.

Rang 12, Sainte-Germaine-du-Lac-Etchemin, Québec G0R 1S0
Téléphone: 418 625-3520

COMMODITÉS

RENSEIGNEMENTS GÉNÉRAUX

Date de l'ouverture: 1980
Horaire: **De mars à avril, fin de semaine**
Capacité d'accueil: **50 personnes**
$ moyen: **18 $**

PAIEMENT ACCEPTÉ

REPAS

Menu: **Traditionnel**
Spécialités de la cabane: **Pain à l'ancienne, soupe aux pois, marinades, fèves au lard, ragoût à l'ancienne, patates à la pelure, grillades de lard salé, jambon, omelette, crêpes dans le sirop d'érable**
Service: **Aux tables à volonté**
Tire: **Sur la neige**

ALCOOL

ACTIVITÉS/SERVICES

En vente: **Sirop d'érable**

ANIMATIONS

BAS-SAINT-LAURENT
CHAUDIÈRE-APPALACHES

ÉRABLIÈRE BERTRAND LAMARRE

185, rang 1 Blais Sud, Saint-Tharcisius, Québec G0J 3G0
Téléphone: 418 629-1330
www.erabliereblamarre.com

RENSEIGNEMENTS GÉNÉRAUX

Date de l'ouverture : 1985
Horaire : De mi-mars à fin avril
Capacité d'accueil : 180 personnes
$ moyen : 15 $

REPAS

Menu : Traditionnel
Service : Buffet à volonté
Tire : Sur la neige

ACTIVITÉS / SERVICES

En vente : • Sirop d'érable
        • Produits de l'érable à emporter
Hors du temps des sucres : • Location de salle
        • Service de cabane à sucre mobile

COMMODITÉS

PAIEMENT ACCEPTÉ

ALCOOL

ANIMATIONS

CABANE À SUCRE A. BÉLANGER

A. Bélanger

264, rue Saint-Grégoire, Saint-Étienne-de-Lauzon, Québec G6J 1E8
Téléphone: 418 831-2547 • **Télécopieur:** 418 831-9094
www.mechouiinternational.com

CABANE À SUCRE ANDRÉ JACQUES

André Jacques

Rue du Parc, Saint-Joseph-De-Beauce, Québec G0S 2V0
Téléphone: 418 397-6378 • **Télécopieur:** 418 397-6392

CABANE À SUCRE DU PÈRE NORMAND

Yvan Drouin

447, route Montgomery, Saint-Sylvestre, Québec G0S 3C0
Téléphone: 418 596-2748 • **Télécopieur:** 418 596-3347
info@perenormand.ca • www.perenormand.ca

CABANE À SUCRE JEAN POULIN

Jean-Claude Poulin

731, rang Watford, Saint-Benjamin, Québec G0M 1N0
Téléphone: 418 594-8682

CABANE À SUCRE POMERLEAU

25, rang Saint-Olivier, Saint-Séverin, Québec G0N 1V0
Téléphone: 418 426-5526

CABANE À SUCRE RENÉ GOSSELIN

René Gosselin

Route 263, Disraëli, Québec G0N 1E0
Téléphone: 418 449-4005 • **Télécopieur:** 418 449-3734

CABANE BERNARD DUVAL

Bernard Duval

780, de Gaspé Est, Saint-Jean-Port-Joli, Québec G0R 3G0
Téléphone: 418 598-6539 • **Télécopieur:** 418 598-7942
duvbern@globetrotter.net

CABANE BERTRAND GIGUÈRE
Bertrand Guiguère
256, route Kennedy, Saint-Joseph-de-Beauce, Québec G0S 2V0
Téléphone: 418 397-4874

CABANE BOLDUC
Lionel Bolduc
137, rang 3 Ouest, Saint-Vallier, Québec G0R 4J0
Téléphone: 418 884-3587

CABANE CHEZ JEAN-PIERRE
Jean-Pierre Desjardins
23, rue Principale Ouest RR2, Saint-Arsène, Québec G0L 2K0
Téléphone: 418 862-1545
sucreriejp@bellnet.ca

CABANE DE LA MONTAGNE DUFOUR
Eugène Dufour
175, rue Notre-Dame, Mont-Carmel, Québec G0L 1W0
Téléphone: 418 498-5303 • **Télécopieur:** 418 498-2481

CABANE EDGAR NADEAU
Edgard Nadeau
Route 112, Saint-Frédéric, Québec G0N 1P0
Téléphone: 418 426-1115

CABANE GERMAIN CLOUTIER
Germain Cloutier
Rang 4, Saint-Aubert, Québec G0R 2R0
Téléphone: 418 598-1324

CABANE JEAN-LOUIS JALBERT
Jean-Louis Jalbert
292, Saint-Olivier Bas, Route 216, Saint-Elzéar, Québec G0S 2J0
Téléphone: 418 387-6987

CABANE LA COULÉE D'OR

François Lachance et Sylvie Fecteau

633, chemin des Bois-Francs Nord, Thetford Mines, Québec G6G 5R5

Téléphone: 418 338-8440 • **Télécopieur:** 418 338-0363

couleedor@minfo.net

CABANE MARC THÉRIAULT

Marc Thériault

104, rue Notre-Dame, Mont-Carmel, Québec G0L 1W0

Téléphone: 418 498-3007

CHALET DES ÉRABLES

500, rang Grand Shenley, Saint-Honoré, Québec G0M 1V0

Téléphone: 418 485-6505 • **Télécopieur:** 418 485-6563

DOMAINE FRANCO

555, route Campagna, Saint-Henri, Québec G0R 3E0

Téléphone: 418 882-2193 • **Télécopieur:** 418 882-0824

domainefranco@globetrotter.net • www.domainefranco.com

ÉRABLIÈRE ARGENTÉE ENR.

Marcel Leclerc

30, chemin de la Réserve, Saint-Marcellin, Québec G0K 1R0

Téléphone: 418 735-5256

ÉRABLIÈRE AU SUCRE DORÉ

Walter Pelletier

39, Rang Tache Est, Sainte-Rita, Québec G0L 4G0

Téléphone: 418 963-6567 • **Télécopieur:** 418 499-2477

ÉRABLIÈRE BRIE

Famille Landry

342, chemin des Érables Est, Cap-Saint-Ignace, Québec G0R 1H0

Téléphone: 418 246-5618

ÉRABLIÈRE D.M.B.

Diane Bouffard

1244, rue Principale, Saint-Gilles-Lotbinière, Québec G0S 2P0

Téléphone: 418 888-4591 • **Télécopieur:** 418 888-5541

ÉRABLIÈRE DU CAP (voir p. 142)
1925, chemin Lambert, Saint-Nicolas, Québec G7A 2N4
Téléphone : 418 831-8647

ÉRABLIÈRE GÉRARD LESSARD
Danie et Gilbert Lessard
1034, chemin Grande Grillade, Saint-Henri-de-Lévis, Québec G0R 3E0
Téléphone : 418 882-2944 • **Télécopieur :** 418 882-2482

ÉRABLIÈRE GILLES CHOUINARD
Gilles et Nicole Chouinard
77, chemin Principal, Saint-Juste-du-Lac, Québec G0L 3R0
Téléphone : 418 899-1770

ÉRABLIÈRE GRATIEN MALENFANT
Gratien Malenfant
338, 3e rang du Lac, Saint-Hubert, Québec G0L 3L0
Téléphone : 418 497-3390

ÉRABLIÈRE J.C.T. OUELLET INC.
Jean Claude Ouellet
239, rue Principale, Saint-Pierre-de-Lamy, Québec G0L 4B0
Téléphone : 418 497-3734 • **Télécopieur :** 418 497-2939

ÉRABLIÈRE J.M. LABONTÉ
J.M. Labonté
756, rang Notre-Dame des Champs, Rivière Bleue, Québec G0L 2B0
Téléphone : 418 893-2116

ÉRABLIÈRE LA COULÉE DORÉE
276, rue Principale, Saint-Pierre-de-Lamy, Québec G0L 4B0
Téléphone : 418 497-3443

ÉRABLIÈRE LE P'TIT BEC SUCRÉ
Gervais Ouellet
Route Saint-Jean-de-la-Lande, Dégelis, Québec G5T 1T6
Téléphone : 418 853-5273

ÉRABLIÈRE LIZIÈRE ENR.

Jacques Lemieux

34, côteau des Érables, L'Isle-Verte, Québec G0L 1L0

Téléphone: 418 898-2815

ÉRABLIÈRE LANDRY

342, chemin des Érables Est, Cap-Saint-Ignace, Québec G0R 1H0

Téléphone: 418 246-5541

ÉRABLIÈRE LE RÊVE

Paul-Henri Trucheon

7000, route Marie-Victorin, Sainte-Croix-de-Lotbinière, Québec G0S 2H0

Téléphone: 418 623-7950

ÉRABLIÈRE LES TROIS B

Serge, Jean-Claude et Robert Bessette

367, rang 7, Black Lake, Québec G0N 1A0

Téléphone: 418 423-5640

ÉRABLIÈRE MARCEL VIENS

Marcel Viens

200, rue Saint-Jean Nord, Sainte-Claire, Québec G0R 2V0

Téléphone: 418 883-3879 • **Télécopieur:** 418 883-3805

ÉRABLIÈRE RAYMOND LAFLAMME

Raymond et Yolande Laflamme

2100, rang des Pointes, Notre-Dame-Auxiliatrice-De-Buckland,
Québec G0R 1G0

Téléphone: 418 789-2311

ÉRABLIÈRE RÉAL BRUNEAU

Réal et Hélène Bruneau

830, route 277, Saint-Henri-de-Lévis, Québec G0R 3E0

Téléphone: 418 882-0630 • **Télécopieur:** 418 882-0530

chantal_bruneau@hotmail.com

FERME DE L'ÉRABLE OMBRAGÉ

786, 8e Rue Est, La Guadeloupe, Québec G0M 1G0

Téléphone: 418 459-6161

GRANDE-COUDÉE INC.
313, rang 3, Saint-Martin, Québec G0M 1B0
Téléphone: 418 382-5737

LA CABANE À PIERRE (voir p. 138)
566, Rang 2, Frampton, Québec G0R 1M0
Téléphone: 418 479-5200
info@cabaneapierre.com • www.cabaneapierre.com

LE VILLAGE DES SUCRES
100, chemin des Érables Ouest, Cap-Saint-Ignace, Québec G0R 1H0
Téléphone: 418 246-3359 • **Télécopieur:** 418 246-3359
levillage1@hotmail.com

L'ÉRABLIÈRE BLANCHET
Hervé Blanchet
779, rang Double, C.P. 2001, Saint-Pamphile, Québec G0R 3X0
Téléphone: 418 356-3850

RANCH DU MASSIF SUD
Raymonde et Guy Garant
149, route Massif du Sud, Saint-Philémon, Québec G0R 4A0
Téléphone: 418 469-2900 • **Télécopieur:** 418 883-2225
info@chevaux.com • www.chevaux.com

SUCRERIE BUSQUE ET FILS
Carol Busque
25, route du Lac Poulin, Saint-Benoît-Labre, Québec G0M 1P0
Téléphone: 418 228-0045

SUCRERIE DE JOJO
340a, rue Lafontaine, Rivière-du-Loup, Québec G5R 3B2
Téléphone: 418 862-2671

SUCRES CHEZ MICKEY
1245, rang Saint-Étienne Nord, Sainte-Marie, Québec G6E 3A7
Téléphone: 418 387-6057

À LA R'VOYURE

220, chemin Duplessis, Saint-Barnabé, Québec G0X 2K0
Téléphone: 819 535-3996
cabaneasucre.iquebec.com/alarvoyure.htm

RENSEIGNEMENTS GÉNÉRAUX

Date de l'ouverture: 1992
Horaire: De mars à avril, tous les jours de 11 h à 22 h
Capacité d'accueil: 70 personnes
$ moyen: 16 $

REPAS

Menu: Traditionnel
Spécialités de la cabane: Soupe aux pois, fèves au lard, œufs dans
le sirop, saucisses dans le sirop, oreilles de crisse, crêpes
Service: Aux tables à volonté
Tire: Sur la neige

ACTIVITÉS/SERVICES

En vente: · Sirop d'érable
· Produits de l'érable à emporter: sucre, beurre,
gelée, bonbons, pain d'érable,
tire sur la neige
Hors du temps des sucres: · Repas servis sur réservation
· Service de traiteur: à l'extérieur
de la cabane

COMMODITÉS

PAIEMENT ACCEPTÉ

ALCOOL

ANIMATION

MAURICIE

CABANE CHEZ HILL

1220, chemin Saint-Joseph, Saint-Mathieu-du-Parc,
Québec G0X 1N0
Téléphone: 819 532-2843
www.chezhill.com

RENSEIGNEMENTS GÉNÉRAUX

Date de l'ouverture: 1958 (nouvelle administration depuis 2009)
Horaire: • De mars à avril, dimanche au jeudi de 9 h à 21 h,
  vendredi et samedi de 9 h à minuit
  • De décembre à mai, tous les jours
  • De mai à novembre, sur réservation pour les groupes
Capacité d'accueil: 400 personnes
$ moyen: 17 $

REPAS

Menu: Traditionnel
Spécialités de la cabane: Pain, soupe aux pois, fèves au lard,
saucisses, œufs dans le sirop, grillades, grands-pères dans le sirop
Service: Aux tables à volonté
Tire: Sur la neige

ACTIVITÉS/SERVICES

En vente: • Sirop d'érable
  • Produits de l'érable à emporter: sucre granulé et
    mou, beurre, gelée, caramel, bonbons, suçons,
    cornets, tire
Autres: • Intérieures: billard, fléchette
  • Extérieures: relai motoneige, ski de fond,
    sentier d'interprétation de l'acériculture
  • Pour les enfants: rallye, mini-ferme
Hors du temps des sucres: • Location de salle
  • Service de traiteur sur place

COMMODITÉS

PAIEMENTS ACCEPTÉS

ALCOOL

ANIMATIONS

CABANE À SUCRE ALAIN LADOUCEUR

841, rue Savoie, Saint-Justin, Québec J0K 2V0
Téléphone: 418 227-4847
www.erabliere.net

RENSEIGNEMENTS GÉNÉRAUX

Date de l'ouverture: 1956
Horaire: De mars à avril, tous les jours pour les dîners et soupers
Capacité d'accueil: 150 personnes
$ moyen: Adultes: 15 $

REPAS

Menu: Traditionnel
Spécialités de la cabane: Soupe aux pois, fèves au lard, oreilles de crisse, pain dans le sirop, tarte au sirop, crêpes
Service: Aux tables à volonté
Tire: Sur la neige

ACTIVITÉS/SERVICES

En vente: • Sirop d'érable
• Produits de l'érable à emporter: sucre, beurre, gelée, bonbons, tire sur la neige

COMMODITÉS

PAIEMENT ACCEPTÉ

ALCOOL

ANIMATIONS

MAURICIE

ÉRABLIÈRE DENIS BÉDARD

185, route 159, Saint-Stanislas-de-Champlain, Québec G0X 3E0
Téléphone : 418 328-3800
www.erablieredenisbedard.com

RENSEIGNEMENTS GÉNÉRAUX

Date de l'ouverture : 1952
Horaire : De mars à avril, tous les jours de 11 h à 23 h
Capacité d'accueil : 170 personnes
$ moyen : De 13 $ à 17 $

REPAS

Menu : Traditionnel
Spécialités de la cabane : Fèves au lard, oreilles de crisse,
saucisses dans le sirop, crêpes
Service : Aux tables à volonté
Tire : Sur la neige

PAIEMENT ACCEPTÉ

ACTIVITÉS/SERVICES

En vente : • Sirop d'érable
          • Produits de l'érable à emporter : sucre, beurre,
           gelée, bonbons, tarte au sirop
          • Plats cuisinés à emporter
Autres : • Rallye
      • Tour de poney pour les enfants

ANIMATIONS

ÉRABLIÈRE MICHEL DUPUIS

2201, route Gagné, Saint-Justin, Québec J0K 2V0
Téléphone : 819 228-4334
erablieremicheldupuis.wifeo.com

RENSEIGNEMENTS GÉNÉRAUX

Date de l'ouverture : 1980
Horaire : De mars à avril, sur réservation seulement,
dîner à 12 h, souper à 18 h
Capacité d'accueil : 60 personnes
$ moyen : 17 $

REPAS

Menu : Traditionnel
Spécialités de la cabane : Soupe aux pois, salade d'épinards avec
vinaigrette à l'érable, oreilles de crisse, saucisses fumées au sirop
d'érable, fèves au lard, jambon au sirop d'érable, crêpes, tartelette
Service : Aux tables à volonté
Tire : Sur la neige

ACTIVITÉS / SERVICES

En vente : · Sirop d'érable
· Produits de l'érable à emporter : beurre d'érable

MAURICIE

REINE DES ÉRABLES

685, rang 10, Saint-Wenceslas, Québec G0Z 1J0
Téléphone : 819 224-7720
www.reinedeserables.com

RENSEIGNEMENTS GÉNÉRAUX

Date de l'ouverture : 1980
Horaire : De mars à avril, tous les jours, sur réservation seulement
pour les groupes de 50 personnes et plus
Capacité d'accueil : 300 personnes
$ moyen : 17 $

REPAS

Menu : Traditionnel
Spécialités de la cabane : Soupe aux pois, saucisses sucrées,
fèves au lard, grillades de lard, pouding chômeur,
pouding au pain, tarte au sucre
Service : Buffet à volonté
Tire : Sur la neige

ACTIVITÉS/SERVICES

En vente : • Sirop d'érable
  • Produits de l'érable à emporter : sucre, beurre,
    gelée, bonbons, tarte au sirop
Hors du temps des sucres : • Repas servis sur réservation
  • Service de traiteur sur place

COMMODITÉ

PAIEMENT ACCEPTÉ

ALCOOL

ANIMATIONS

SALLE PRONOVOST

492, chemin du Lac à la Perchaude, Saint-Tite, Québec G0X 1M0
Téléphone : 418 336-2530

COMMODITÉS

RENSEIGNEMENTS GÉNÉRAUX

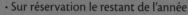
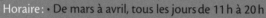

Date de l'ouverture : 1980
Horaire : • De mars à avril, tous les jours de 11 h à 20 h
      • Sur réservation le restant de l'année
Capacité d'accueil : 200 personnes
$ moyen : 17 $

REPAS

Menu : Traditionnel, repas chaud ou froid
Spécialités de la cabane : Soupe aux pois, fèves au lard, grillades, jambon à l'érable, crêpes
Service : Aux tables à volonté
Tire : Sur la neige

ACTIVITÉS / SERVICES

En vente : • Sirop d'érable
      • Produits de l'érable à emporter : sucre, beurre, gelée, bonbons
Hors du temps des sucres : • Repas servis sur réservation
      • Service de traiteur : cuisine québécoise, cuisine internationale, cuisine à thème, cuisine gastronomique

PAIEMENT ACCEPTÉ   ALCOOL   ANIMATIONS

SUCRERIE BOISVERT ET FILS

11, rue de la rivière Batiscan Est, Saint-Stanislas-de-Champlain,
Québec G0X 3E0
Téléphone : 418 328-3722
www.sucrerieboisvert.ca

RENSEIGNEMENTS GÉNÉRAUX

Date de l'ouverture : 1967
Horaire : • De mars à avril, tous les jours de 11 h à 20 h
        • Sur réservation le restant de l'année
Capacité d'accueil : 150-200 personnes
$ moyen : 14 $ en semaine, 17 $ les fins de semaine

REPAS

Menu : Traditionnel
Spécialités de la cabane : Soupe aux légumes, soupe aux pois, fèves
au lard, saucisses dans le sirop, pouding au sirop d'érable, crêpes
Service : Aux tables à volonté
Tire : Sur la neige

ACTIVITÉS / SERVICES

En vente : • Sirop d'érable
        • Produits de l'érable à emporter : sucre, beurre,
          gelée, bonbons, poivre à l'érable, vinaigrette à l'érable
Hors du temps des sucres : • Repas servis sur réservation
                • Service de traiteur : cuisine
                  québécoise, cuisine à thème,
                  cuisine gastronomique,
                  buffets froids au chauds

COMMODITÉS

PAIEMENT ACCEPTÉ

ALCOOL

ANIMATIONS

SUCRERIE DU MOULIN

4911, route Lamothe, Notre-Dame-du-Mont-Carmel, Québec G0X 3J0
Téléphone: 819 537-9567

RENSEIGNEMENTS GÉNÉRAUX

Date de l'ouverture: 1979
Horaire: De mars à avril, en semaine, sur réservation,
pour les groupes de 20 personnes et plus, fin de semaine
de 11 h 30 à 18 h
Capacité d'accueil: 100 personnes
$ moyen: 16 $

REPAS

Menu: Traditionnel
Spécialités de la cabane: Soupe aux pois, fèves au lard, grillades,
œufs dans le sirop, crêpes
Service: Aux tables à volonté
Tire: Sur la neige

ACTIVITÉS/SERVICES

En vente: • Sirop d'érable
 • Produits de l'érable à emporter: sucre, beurre,
   gelée, bonbons
Hors du temps des sucres: • Location de salle
 • Service de traiteur à l'extérieur du site

AUX MILLE ÉRABLES
Sylvie Trépanier
211, rue Villeneuve, Saint-Thècle, Québec G0X 3H0
Téléphone: 418 289-2348 • **Télécopieur:** 418 289-3879

CABANE À SUCRE ALAIN PAILLE
Alain Paille
1441, rue Saint-Louis, Notre-Dame-du-Mont-Carmel, Québec G0X 3J0
Téléphone: 819 537-9567

CABANE À SUCRE CHEZ DANY
Dany Néron
195, rue de la Sablière, Trois-Rivières, Québec G9B 7A9
Téléphone: 819 370-4769 • **Télécopieur:** 819 370-4768
info@cabanechezdany.com • www.cabanechezdany.com

CABANE À SUCRE
CHEZ LAURENT GRAVEL
Yoland Gravel
1000, route des Prairies, Saint-Prosper de Champlain, Québec G0X 3A0
Téléphone: 418 328-3774

CABANE À SUCRE CHEZ TI-PÈRE
Cécile Boyce
4335, route Caya, Saint-Nicéphore, Québec J2A 2Z8
Téléphone: 819 394-2442
www.chezti-pere.com

CABANE À SUCRE DU LAC MONDOR
3840, 85e Avenue, Sainte-Flore-de-Grand-Mère, Québec G9T 5K5
Téléphone: 819 538-8759 • **Télécopieur:** 819 375-6060

CABANE À SUCRE GÉRARD COSSETTE
Yves Gagnon
370, chemin des Érables, Saint-Prosper, Québec G0X 3A0
Téléphone: 418 328-3872

CABANE À SUCRE LA CHANTERELLE

Micheline Charrette

1140, rue Principale, Saint-Mathieu-du-Parc, Québec G0X 1N0

Téléphone : 819 532-2021

CABANE À SUCRE L'INVERNOIS

Raymonde Brassard-Dion

640, chemin Dublin, Inverness, Québec G0S 1K0

Téléphone : 418 453-7750 • **Télécopieur :** 418 453-3497

info@invernois.com • www.invernois.com

CABANE À SUCRE PAUL-AIMÉ TELLIER

Paul-Aimé Tellier

1901, chemin Saint-Joseph, Sainte-Thècle, Québec G0X 3G0

Téléphone : 418 289-2414

CABANE À SUCRE RÉJEAN GERVAIS

Réjean Gervais

165a, rue Saint-Prosper, Saint-Boniface-de-Shawinigan, Québec G0X 2L0

Téléphone : 819 535-2149

CABANE CHEZ GERRY ET FILS

Christian Thériault

2056, rang Renversy, Saint-Paulin, Québec J0K 3G0

Téléphone : 819 268-5331 • **Télécopieur :** 819 268-5332

info@chezgerry.com • www.chezgerry.com

CABANE CHEZ ROGER

Roger Nault

1000, chemin Massicotte, Saint-Prosper, Québec G0X 3A0

Téléphone : 418 328-8610 • **Télécopieur :** 418 328-4410

ginette.roger@sympatico.ca • www.cabanechezroger.com

ÉRABLIÈRE CHANTALE FRÉCHETTE ET YVES DIONNE
Chantale Fréchette
197, rue Saint-Joseph, La Visitation, Québec J0G 1C0
Téléphone: 450 564-2271
chanteleyves@hotmail.com

ÉRABLIÈRE CHEZ LAHAIE
Roger et Ginette Lahaie
3401, 4e Rue, Grand-Mère, Québec G9T 5K5
Téléphone: 819 533-2048 • **Télécopieur:** 819 538-3501
erablierechezlahaie@bellnet.ca

ÉRABLIÈRE DES PRAIRIES
Monsieur Lefebvre
799, rue Jean-Cusson, Trois-Rivières, Québec G8T 1K4
Téléphone: 819 378-3572

ÉRABLIÈRE DES P'TITS PRINCE
Bernard Prince
1780, rang 9, Saint-Wenceslas, Québec G0Z 1J0
Téléphone: 819 224-4222 • **Télécopieur:** 819 224-7639
info@bernardprince.qc.ca

ÉRABLIÈRE LAMPRON
Marcel et Lise Lampron
610, rang des Dalles, Saint-Étienne-des-Grès, Québec G0X 2P0
Téléphone: 819 535-2822

ÉRABLIÈRE LÉONARD GÉLINAS
Léonard Gélinas
3900, 85e Avenue, Grand-Mère, Québec G9T 5K5
Téléphone: 819 538-8759

ÉRABLIÈRE SERGIUS
3400, chemin du Lac, Saint-Boniface, Québec J0X 2L0
Téléphone: 819 535-5980

ÉRABLIÈRE SY-RO

Sylvie Gagnon et Roger Trudel
430, 6e Rue, Louiseville, Québec J5V 2T1
Téléphone: 819 228-9653

SUCRERIE JEAN-LOUIS MASSICOTTE
ET FILLES (voir p. 146)

101, route 159 P.R., St-Prosper-de-Champlain, Québec G0X 3A0
Téléphone: 418 328-8790
www.laperade.qc.ca/massicotte

CENTRE-DU-QUÉBEC

CABANE À SUCRE DANEAU

595, rang Rhimbault, Sainte-Victoire-de-Sorel, Québec J0G 1T0
Téléphone : 450 782-2224
www.cabaneasucredaneau.com

RENSEIGNEMENTS GÉNÉRAUX

Date de l'ouverture : 1950
Horaire : • De mars à avril, tous les jours
      • Sur réservation le restant de l'année
Capacité d'accueil : 250 personnes
$ moyen : 18 $ taxes incluses

REPAS

Menu : Traditionnel
Spécialités de la cabane : Pain croûté, soupe aux pois,
fèves au lard, jambon, saucisses, oreilles de crisse, omelette,
tarte au beurre d'érable
Service : Aux tables à volonté
Tire : Sur la neige

ACTIVITÉS / SERVICES

En vente : • Sirop d'érable
      • Produits de l'érable à emporter : sucre d'érable,
        tarte au sirop
      • Plats cuisinés à emporter : soupe aux pois, oreilles
        de crisse
Hors du temps des sucres : • Location de salle
          • Service de traiteur sur place ou à
           l'extérieur du site
          • Repas et animations spécifiques
           pour Noël

COMMODITÉS

PAIEMENTS ACCEPTÉS

ALCOOL

ANIMATIONS

CABANE À SUCRE LEMAIRE

964, rang Saint-Michel, Saint-Joachim-de-Courval, Québec J1Z 2C9
Téléphone : 819 397-4606

RENSEIGNEMENTS GÉNÉRAUX

Date de l'ouverture : 1986
Horaire : • De mars à avril, en semaine, pour les groupes
      seulement de 11 h à 23 h, fin de semaine de 11 h à 23 h
      • Sur réservation le restant de l'année
Capacité d'accueil : 230 personnes
$ moyen : 17 $

REPAS

Menu : Traditionnel
Spécialités de la cabane : Soupe aux pois, fèves au lard,
jambon à l'érable, saucisses dans le sirop, omelette,
grands-pères dans le sirop
Service : Aux tables à volonté.
Tire : Sur la neige.

ACTIVITÉS/SERVICES

En vente : • Sirop d'érable
      • Produits de l'érable à emporter : sucre, beurre,
      gelée, bonbons.
Hors du temps des sucres : Location de salle

CENTRE-DU-QUÉBEC

L'ÉRABLE ROUGE

3324, route 161, Saint-Valère, Québec G0P 1M0
Téléphone : 819 353-1616
www.erablerouge.com

RENSEIGNEMENTS GÉNÉRAUX

Date de l'ouverture : 1985
Horaire : • De mars à avril, tous les jours de la semaine,
　　　　　　selon les réservations
　　　　　• Sur réservation le restant de l'année
Capacité d'accueil : 340 personnes
$ moyen : 18 $

REPAS

Menu : Traditionnel
Spécialités de la cabane : Cretons, soupe aux pois, fèves au lard,
jambon fumé double à l'érable, oreilles de crisse, marinades
maison, crêpes soufflées avec sirop d'érable, tarte au sirop
Service : Aux tables à volonté
Tire : Sur la neige

ACTIVITÉS/SERVICES

En vente : • Sirop d'érable
　　　　　• Produits de l'érable à emporter : sucre, beurre,
　　　　　　gelée, tarte au sirop
　　　　　• Plats cuisinés à emporter
Hors du temps des sucres : • Location de salle
　　　　　　　　　　　　　• Service de traiteur : sur place
　　　　　　　　　　　　　　comme à l'extérieur, méchoui,
　　　　　　　　　　　　　　party hot-dog, épluchette
　　　　　　　　　　　　　　de blé d'Inde

COMMODITÉS

PAIEMENTS ACCEPTÉS

ALCOOL

ANIMATIONS

CABANE 4-7

Réjean Beaudoin
312, route Kelly, Plessisville, Québec G6L 2Y2
Téléphone: 819 362-0047

CABANE À SUCRE AUX TROIS ÉRABLES

Mario Desmarais
139, rang 10, Lefebvre, Québec J0H 2C0
Téléphone: 819 394-2051

CABANE À SUCRE CÔTÉ

André et Luc Côté
304, route O'Brien, Lefebvre, Québec J0H 2C0
Téléphone: 819 394-2460

CABANE À SUCRE JOLIBOIS

Germain Jolibois
424, route Ling, Sainte-Élisabeth-de-Warwick, Québec J0A 1M0
Téléphone: 819 358-2063
gnconcept@hotmail.com

CABANE À SUCRE L'AIL DES BOIS

105, rue des Buttes, Warwick, Québec J0A 1M0
Téléphone: 819 358-6610

CABANE À SUCRE LAU-RÉ

Lauriane et Rémi Poirier
431, rang 2, Saint-Bonaventure, Québec J0C 1C0
Téléphone: 819 396-0781

CABANE À SUCRE MICHAUD

Michel Caouette
1000, rang 3, Norberville, Québec J0A 1L0
Téléphone: 819 358-2398

CABANE À SUCRE MOREAU

Normand Moreau
44, rang des Moreau, Warwick, Québec J0A 1M0
Téléphone: 819 328-2218

CENTRE-DU-QUÉBEC

CABANE ANTONIO VIGNEAULT
Antonio Vigneault
182, rang 6, Sainte-Sophie-de-Mégantic, Québec G0P 1L0
Téléphone : 819 362-6447

CABANE AUX TROIS ÉRABLES
Mario Desmarais
139, rang 10, Lefebvre, Québec J0H 2C0
Téléphone : 819 394-2051

ÉRABLIÈRE MONT SAINT-MICHEL
Mario Lemieux
2700, boulevard des Bois-Francs, Saint-Christophe d'Arthabaska,
Québec G6P 6S1
Téléphone : 819 357-5050 • **Télécopieur :** 819 357-9101

DOMAINE FRASER
Claude Brassard
684, route 165, Bernierville, Québec G0N 1N0
Téléphone : 418 428-9551 • **Télécopieur :** 418 428-9793
mail@domainefraser.com • www.domainefraser.com

ÉRABLIÈRE BRUNO ET LILIANE CHAMPAGNE
Bruno et Liliane Champagne
930, rang Val-Léro, Saint-Célestin, Québec J0C 1G0
Téléphone : 819 229-3449 • **Télécopieur :** 819 229-2016

ÉRABLIÈRE CLAUDE VAILLANCOURT
Claude et Noëlla Vaillancourt
267, rang 5 Centre, Bernierville, Québec G0N 1N0
Téléphone : 418 428-9768 • **Télécopieur :** 819 362-2846

ÉRABLIÈRE D.D.
Denis Désilets
9916, boulevard du Parc Industriel, Sainte-Gertrude, Québec G9H 3P2
Téléphone : 819 297-2072

ÉRABLIÈRE DES BOIS-FRANCS
588, rue Saint-Jacques Est, Princeville, Québec G6L 4J8
Téléphone : 819 364-7099

ÉRABLIÈRE DESHAIES

Chantal Colbert

8325, chemin des Hêtres, Sainte-Gertrude, Québec G9H 3L3

Téléphone : 819 297-2549

info@erablieredeshaies.com • www.erablieredeshaies.com

ÉRABLIÈRE FONTAINEBLEAU

Marc Saint-Pierre

3201, route 161, Chesterville, Québec G0P 1J0

Téléphone : 819 382-2498

ÉRABLIÈRE GRONDARD

416a, rue Principale, L'Avenir, Québec J0C 1B0

Téléphone : 819 394-2573

ÉRABLIÈRE LA PENTE DOUCE (voir p. 150)

1549, route 122, Notre-Dame-du-Bon-Conseil, Québec J0C 1A0

Téléphone : 819 336-5273

info@reception-lapentedouce.com • www.reception-lapentedouce.com

ÉRABLIÈRE LA PETITE COULÉE

Francine Deschêneaux

Pointe du Moulin, Notre-Dame-de-Pierreville, Québec J0G 1G0

Téléphone : 819 568-2215

ÉRABLIÈRE VA-MONT

37, route Saint-Albert, Warwick, Québec J0A 1M0

Téléphone : 819 358-2066

maval@telwarwick.net

FERME JÉRONICO

Jean Roy

165, rang Saint-Alexis, Nicolet, Québec J3T 1T5

Téléphone : 819 293-2357

FERME LEVRAL S.E.N.C.

Michel Fournier et Cécile Neault

678, Saint-Antoine, Sainte-Sophie-de-Lévrard, Québec G0X 3C0

Téléphone : 819 288-5095 • **Télécopieur :** 819 288-0216

CENTRE-DU-QUÉBEC

FERME MARJEONDE S.E.N.C.
Jean et Marco Proulx
29, rue du Pays Brûlé, Baie-du-Febvre, Québec J0A 1A0
Téléphone : 450 783-6433

LA RIVARDIÈRE
David et Lise Rivard
211, rang 8, Saint-Sylvère, Québec G0Z 1H0
Téléphone : 819 285-2595

LE RELAIS D'ANTAN
Pierre de Rouin
1425, rue Montplaisir, Drummondville, Québec J2B 7T5
Téléphone : 819 478-1441 • **Télécopieur :** 819 478-8155
renseignements@villagequebecois.com • www.villagequebecois.qc.ca

LES SUCRERIES D'EN HAUT
Diane Samson et Alain Hince
6625, rang Hince, Chesterville, Québec G0P 1J0
Téléphone : 819 382-9927

SALLE DES ÉRABLES
Ronaldo Tanguay
140, chemin Laurier Est, Saint-Norbert, Québec J0K 3C0
Téléphone : 819 369-9296

SUCRERIE D'ANTAN
320, route 116 Ouest, Plessisville, Québec G6L 2Y2
Téléphone : 819 362-3882 • **Télécopieur :** 819 362-3194

SUCRERIE DU LAC BIJOU
12, Parc des Cèdres, Norberville, Québec G0P 1B0
Téléphone : 819 369-9391

SUCRO-BEC L. FORTIER
Laval Fortier
606, rue la Rochelle, Saint-Ferdinand, Québec G0N 1N0
Téléphone : 418 428-9700 • **Télécopieur :** 418 428-4090
sucrobec@bellnet.ca

CABANE À SUCRE LECLERC

1289, rang 2 Ouest, Neuville, Québec G3H 3E1
Téléphone : 418 876-2812
www.quebecweb.com/cabaneleclerc

RENSEIGNEMENTS GÉNÉRAUX

Date de l'ouverture : 1951
Horaire : • De mars à avril, tous les jours de 10 h à minuit
　　　　　• Sur réservation le restant de l'année
Capacité d'accueil : 200 personnes
$ moyen : De 6 $ à 19 $

REPAS

Menu : Traditionnel
Spécialités de la cabane : Pain canadien, soupe aux pois, fèves au lard, pâté à la viande, oreilles de crisse, jambon et saucisses à l'érable, grands-pères dans le sirop
Service : Aux tables à volonté
Tire : Sur la neige

ACTIVITÉS/SERVICES

En vente : • Sirop d'érable
　　　　　• Produits de l'érable à emporter : sucre, beurre, bonbons
Hors du temps des sucres : Service de traiteur à l'extérieur du site

ÉRABLIÈRE MART-L

223, rue Grand Capsa, Pont-Rouge, Québec G0A 2X0
Téléphone : 418 873-2164
www.mart-l.ca

RENSEIGNEMENTS GÉNÉRAUX

Date de l'ouverture : 1975
Horaire : • Ouvert du 1er février au 1er octobre
         • De mars à avril, tous les jours de 8 h à 22 h
Capacité d'accueil : 312 personnes
$ moyen : 19 $

REPAS

Menu : Traditionnel
Spécialités de la cabane : Soupe aux pois et aux légumes,
pâté à la viande, fèves au lard, jambon et saucisses à l'érable,
œufs dans le sirop
Service : Aux tables à volonté
Tire : Sur la neige

ACTIVITÉS / SERVICES

En vente : • Sirop d'érable
         • Produits de l'érable à emporter : sucre, beurre,
           gelée, bonbons
         • Plats cuisinés à emporter : tourtières
Autres : Balades en traîneau
Hors du temps des sucres : • Location de salle
                      • Service de traiteur sur place

COMMODITÉS

PAIEMENT ACCEPTÉ

ALCOOL

ANIMATIONS

LE RELAIS DES PINS

3029, chemin Royal, Sainte-Famille, Île d'Orléans, Québec G0A 3P0
Téléphone : 418 829-3455
www.lerelaisdespins.com

RENSEIGNEMENTS GÉNÉRAUX

Date de l'ouverture : 1960
Horaire : De mars à avril, tous les jours sur réservation
Capacité d'accueil : 300 personnes
$ moyen : 20$

REPAS

Menu : Traditionnel
Spécialités de la cabane : Soupe aux pois, oreilles de crisse, ketchup maison, jambon à l'érable, œufs pochés dans le sirop, tarte au sucre
Service : Aux tables à volonté
Tire : Sur la neige

ACTIVITÉS/SERVICES

En vente : • Sirop d'érable
              • Produits de l'érable à emporter : sucre, beurre, gelée, bonbons
Autres : Pour les enfants : maquillage et jeux divers
Hors du temps des sucres : Location de salle

COMMODITÉS

PAIEMENTS ACCEPTÉS

VISA

ALCOOL

ANIMATIONS

AUBERGE DE L'ÉRABLE
Jean-Claude et Thérèse Rochon
364, rang 4 Ouest, Saint-Augustin-de-Desmaures, Québec G3A 1W8
Téléphone: 418 878-2189 · **Télécopieur:** 418 908-0654
www.compagnon.qc.ca/auberge/

CABANE À SUCRE CHABOT
Mario Chabot
800, rang 2 Est, Neuville, Québec G0A 2R0
Téléphone: 418 876-2363 · **Télécopieur:** 418 876-2673
chabot@videotron.ca · www.cabanechabot.ca

CABANE À SUCRE FAMILIALE
Yvon et Christine Létourneau
3149, chemin Royal, Sainte-Famille, Île d'Orléans, Québec G0A 3P0
Téléphone: 418 829-2740 · **Télécopieur:** 418 829-2740
(Prière d'appeler à l'avance.)

CABANE À SUCRE LA TABLÉE FERME MONNA
723, chemin Royal, Saint-Pierre-de-l'île-d'Orléans , Québec G0A 4E0
Téléphone: 418 828-2104

CABANE À SUCRE L'ENTAILLEUR
Simon Tailleur
1447, chemin Royal, Saint-Pierre-de-l'île-d'Orléans, Québec G0A 4E0
Téléphone: 418 828-1269 · **Télécopieur:** 418 828-2344
contact@entailleur.com · www.entailleur.com

CABANE À SUCRE MOBILE LOGICO CLOWN
5100, rue des Tournelles, bureau SS-100, Québec G2J 1E4
Téléphone: 418 990-3383 · **Télécopieur:** 418 990-3383
info@productionslogico.com · www.productionslogico.com

CABANE À SUCRE YVON LÉTOURNEAU
Yvon Létourneau
3149, chemin Royal, Sainte-Famille, Île d'Orléans, Québec G0A 3P0
Téléphone: 418 929-2740

ÉRABLIÈRE AUX 4 SAISONS

Michel Denis

160, route 363 Sud, Saint-Ubald-Portneuf, Québec G0A 4L0
Téléphone: 418 277-2853

ÉRABLIÈRE DE BOULOGNE

Marie et Michel Rochette

1916 rue des Balises, Québec, Québec G3K 0A5
Téléphone: 418 842-6965 • **Télécopieur:** 418 842-2115
info@erablieredeboulogne.com • www.erablieredeboulogne.com

ÉRABLIÈRE DE LA JACQUES CARTIER

355, rue Laurier, Ste-Catherine-de-la-Jacques-Cartier, Québec G0A 3M0
Téléphone: 418 875-0737

ÉRABLIÈRE DES ANCÊTRES

Jean-Guy Thiffault

1215, rue Argenteuil, Sainte-Foy, Québec G1W 3S1
Téléphone: 418 651-3278 • **Télécopieur:** 418 328-4084

ÉRABLIÈRE DES ÉBOULIES

40, rang Rivière-Blanche, St-Alban, Québec G0A 3B0
Téléphone: 418 268-8963

ÉRABLIÈRE DU LAC BEAUPORT (voir p. 154)

200, chemin des Lacs, Lac Beauport, Québec G3B 1C4
Téléphone: 418 849-0066
www.erabliere-lac-beauport.qc.ca

ÉRABLIÈRE LA BONNE FOURCHETTE

Bruno

32, Grand Rang, Saint-Basile-Portneuf, Québec G0A 3G0
Téléphone: 418 329-3150 • **Télécopieur:** 418 329-2557

ÉRABLIÈRE LE CHEMIN DU ROY

Christian Déry

237, chemin du Lac, Saint-Augustin-de-Desmaures, Québec G3A 1V9
Téléphone: 418 878-5085 • **Télécopieur:** 418 878-5085

ÉRABLIÈRE MAROIS

Jacques Marois

220, chemin du Domaine, Saint-Augustin-de-Desmaures,
Québec G3A 1W8
Téléphone : 418 878-4107

ÉRABLIÈRE SUCRE D'ART

Louise Simard et Yolande Laprise

8516, avenue Royale, Château-Richer, Québec G0A 1N0
Téléphone : 418 824-5626

FERNAND DUCHESNE

Fernand Duchesne

740, chemin du Cap Tourmente, St-Joachim, Québec G0A 3X0
Téléphone : 418 827-4036

GÉRARD ET GAÉTAN LÉGARÉ

1501, rang Notre-Dame, Saint-Raymond, Québec, G0A 4G0
Téléphone : 418 337-7122

LA SUCRERIE BLOUIN (voir p. 158)

2967, avenue Royale, Saint-Jean, Québec G0A 3W0
Téléphone : 418 829-2903
info@sucrerieblouin.com • www.sucrerieblouin.com

LE MANOIR DU LAC DELAGE

40, avenue du Lac, Lac-Delage, Québec G0A 4P0
Téléphone : 418 848-2551
relaisdespins@videotron.ca

SUCRERIE NOUVELLE FRANCE

Lise Girard

20 et 22, rue Sous-Le-Fort, Québec, Québec G1K 4G7
Téléphone : 418 694-9625
info@sucrerienouvellefrance.com • www.sucrerienouvellefrance.com

ÉRABLIÈRE LECLERC

275, rang Brandrick, Granby, Québec J2G 8C7
Téléphone : 450 777-7128

COMMODITÉS

RENSEIGNEMENTS GÉNÉRAUX

Horaire : Du 28 février au 25 avril, du jeudi au dimanche
pour les dîners et soupers
Capacité d'accueil : 250 personnes
$ moyen : 16 $ en semaine, 19 $ la fin de semaine

REPAS

Menu : Traditionnel
Spécialité de la cabane : Mousse à l'érable
Service : Aux tables à volonté
Tire : Sur la neige

ACTIVITÉS / SERVICES

En vente : • Sirop d'érable
           • Produits de l'érable à emporter : sucre, beurre,
             gelée, bonbons, tire sur la neige
           • Plats cuisinés à emporter : soupe aux pois, oreilles
             de crisse
Hors du temps des sucres : • Location de salle
                           • Service de traiteur sur place
                             ou à l'extérieur du site

CANTONS-DE-L'EST

ÉRABLIÈRE PARÉ

155, route 112 Est, Dudswell, Québec J0B 2L0
Téléphone : 819 887-6621
www.erablierepare.net

RENSEIGNEMENTS GÉNÉRAUX

Date de l'ouverture : 1966

Horaire : De mars à avril, sur réservation
Capacité d'accueil : 225 personnes
$ moyen : 18 $

REPAS

Menu : Traditionnel et possibilité de menu végétarien
Spécialités de la cabane : Fèves au lard, œufs dans le sirop,
oreilles de crisse, tarte au sirop, beignes
Service : Aux tables à volonté
Tire : Sur la neige

ACTIVITÉS / SERVICES

En vente : • Sirop d'érable
• Produits de l'érable à emporter : sucre, beurre,
gelée, bonbons

COMMODITÉ

PAIEMENT ACCEPTÉ

AU BEC SUCRÉ

Roger Desautels et Madeleine Roberge

5677, chemin de l'Aéroport, Valcourt, Québec J0E 2L0

Téléphone: 450 532-3771

plagemckenzie@hotmail.com

AU TOURNANT DES SAISONS

Robert Brien

454, rang 10, Bonsecours, Québec J0E 1H0

Téléphone: 450 532- 5388

info@autournantdessaisons.ca • www.autournantdessaisons.ca

CABANE À SUCRE BEAUREGARD

Lise Beauregard

1884, montée Paiement, Val-Des-Monts, Québec J8N 7A8

Téléphone: 819 671-2354

erablierebeauregard@sympathico.ca

CABANE À SUCRE BRAZEAU

Luc Bélanger et Line Brazeau

316, rang Saint-Charles, Papineauville, Québec J0V 1R0

Téléphone: 819 427-5611 • **Télécopieur:** 819 427-9740

CABANE À SUCRE CHEZ TI-MOUSSE

Rémi et Sylvie Paul

442, rang Saint-Charles, Papineauville, Québec J0V 1R0

Téléphone: 819 427-5413 • **Télécopieur:** 819 427-9694

www.cheztimousse.com

CABANE À SUCRE LA COULÉE J. ETHIER

Joffre Ethier

207, chemin St-Thérèse, Déléage, Québec J9E 3A8

Téléphone: 819 449-2264

CABANE À SUCRE MÉGANTIC (voir p. 162)

3132, rang 10, Lac-Mégantic, Québec G6B 2S3

Téléphone: 819 583-1260

CANTONS-DE-L'EST

CABANE BELLAVANCE
France Bellavance
733, chemin Bellavance, Sainte-Cécile-de-Whitton,
Québec G0Y 1J0
Téléphone: 819 583-0441
info@cabanebellavance.com • www.cabanebellavance.com

CABANE DU PIC BOIS
André Pollender
1468, chemin Gaspé, Brigham, Québec J2K 4B4
Téléphone: 450 263-5582
pic.bois@bellnet.ca • www.cabanedupicbois.com

CABANE MARCEL ET JEANNINE BOLDUC
Marcel et Jeannine Bolduc
490, route 253, Cookshire, Québec J0B 1M0
Téléphone: 819 875-3167

CABANE PAUL VIENS
Paul Viens
20, route 206 Est, Sainte-Edwidge-de-Clifton, Québec J0B 2R0
Téléphone: 819 849-3387

ÉRABLIÈRE BERNARD
1268, rue Denison Ouest, Granby, Québec J0E 2A0
Téléphone: 450 375-5238
info@erablierebernard.com • www.erablierebernard.com

ÉRABLIÈRE DE L'ARTISAN INC.
Michel Thibodeau
396, chemin Hallé Ouest, Brigham, Québec J2K 4J5
Téléphone: 450 263-3285 • **Télécopieur:** 450 263-7665
info@erabliereartisan.ca • www.erabliereartisan.ca

ÉRABLIÈRE JETTÉ-CHÂTEAUNEUF
Gilles Jetté
280, rang 8 Est, Stoke, Québec J0B 3G0
Téléphone: 819 878-3029 • **Télécopieur:** 819 878-3931

ÉRABLIÈRE LA GRILLADE

Pierre Gingras

106, rue des Érables, Saint-Alphonse-de-Granby, Québec J0E 2A0

Téléphone: 450 375-5959 • **Télécopieur:** 450 777-2257

info@grillade.ca • www.grillade.ca

ÉRABLIÈRE LAC CEINTURE

100, rang 9, Saint-Augustin, Québec G0W 1K0

Téléphone: 418 374-2147 • **Télécopieur:** 418 374-2984

ÉRABLIÈRE LUC BOLDUC ENR.

Luc Bolduc

525, chemin Lower, Cookshire-Eaton, Québec J0B 1M0

Téléphone: 819 875-3022

ÉRABLIÈRE MARTIN

Jean-Louis Martin

675, route 137 Sud, Sainte-Cécile-de-Milton, Québec J0E 2C0

Téléphone: 450 378-8008 • **Télécopieur:** 450 379-9116

ÉRABLIÈRE PATOINE

1105, chemin du Sanctuaire, Sherbrooke, Québec J1H 3H3

Téléphone: 819 563-7455 • **Télécopieur:** 819 829-2285

ÉRABLIÈRE SANDERS S.E.N.C.

Louise Nadeau et Michel Sanders

256, rue du Domaine, Ascot Corner, Québec J0B 1A0

Téléphone: 819 346-0852

www.facebook.com/pages/Erabliere-Sanders/121380217891645

LA FERME MARTINETTE S.E.N.C

Lisa Nadeau et Gérald Martineau

1728, chemin Martineau, Coaticook, Québec J1A 2S5

Téléphone: 819 849-7089 • **Télécopieur:** 819 849-4042

info@lafermemartinette.com • www.lafermemartinette.com

CANTONS-DE-L'EST

LE JARDIN SUCRÉ
Amy Lavallée et Jason Hafford
3705, chemin Mitchell, Lennoxville, Québec J1M 2A3
Téléphone: 819 563-9036 • **Téléphone:** 819 563-6267

LE ROMANTIQUE RHUM ANTIC ENR.
André David
592, route 220, Bonsecours, Québec J0E 1H0
Téléphone: 450 532-4618

LES DÉLICES DE L'ÉRABLE
53, chemin Moes River, Compton, Québec J0B 1L1
Téléphone: 819 835-5770

SUCRERIE BRIEN
618, chemin Grande-Ligne, Sainte-Anne-de-la-Rochelle,
Québec J0E 2B0
Téléphone: 450-539-1475

ÉRABLIÈRE LÉONEL LAPIERRE

Léonel Lapierre
1511, rang 2 Nord, Fabre, Québec J0Z 1Z0
Téléphone : 819 634-2055

COMMODITÉS PAIEMENT ACCEPTÉ ALCOOL ANIMATIONS

RENSEIGNEMENTS GÉNÉRAUX

Date de l'ouverture : 1976
Horaire : Du premier samedi de mars au dernier dimanche d'avril,
tous les jours entre 9 h et 19 h
Capacité d'accueil : 120 personnes
$ moyen : 16 $

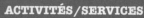

REPAS

Menu : Traditionnel
Service : Buffet à volonté
Tire : Sur la neige

ACTIVITÉS/SERVICES

En vente : • Sirop d'érable
　　　　　 • Produits de l'érable à emporter : sucre, beurre d'érable
　　　　　　 chocolaté, caramel, gelée
Hors du temps des sucres : Location de salle

ABITIBI-TÉMISCAMINGUE
SAGUENAY — OUTAOUAIS

CABANE À SUCRE CHESLOCK
Stanley D. Cheslock
1, chemin de Poltimore, Val-Des-Monts, Québec J0X 2S0
Téléphone : 819 457-2552

CABANE À SUCRE CHEZ TI-PAUL
Paul Vincent Bilodeau
830, rang 1, Roquemaure, Québec J0Z 3K0
Téléphone : 819 333-7887 • **Télécopieur :** 819 787-3602

CABANE À SUCRE
LE DOMAINE DES CHUTES
Denis et Bernise Lemieux
292, rue Notre-Dame, Maniwaki, Québec J9E 2K1
Téléphone : 819 449-5399

DOMAINE DU CERF
92, montée des Pins, Blue Sea Lake, Québec J0X 1C0
Téléphone : 819 463-3896 • **Télécopieur :** 819 463-4902

ÉRABLIÈRE AU SUCRE D'OR (voir p. 166)
7800, rang de la Chaîne, Laterrière, Québec G7N 2A9
Téléphone : 418 678-2505
www.sucredor.com

ÉRABLIÈRE LA MAISON D'ÉCOLE
Éric Chartrand
1079, route 317, Ripon, Québec J0V 1V0
Téléphone : 819 983-3525

ÉRABLIÈRE RIVERAINE
Louise Alary
5, chemin Odessa, Luskville, Québec J0X 2G0
Téléphone : 819 455-2249 • **Télécopieur :** 819 455-2478
info@erabliereriveraine.com • www.erabliereriveraine.com

ÉRABLIÈRE TREMBLAY

Ghyslain Tremblay

505, rue du Lac Vert, Hébertville, Québec G0W 1S0

Téléphone : 418 344-1653

ÉRABLIÈRE YVON GAOUETTE

Yvon Gaouette

427, route 386, Landrienne, Québec J0Y 1V0

Téléphone : 819 732-3532 · **Télécopieur :** 819 727-9814

LA FERME DU PALAIS DES ÉRABLES

Jean-Maurice Leduc

9, montée Leduc, Saint-Sixte, Québec J0X 3B0

Téléphone : 819 983-3134 · **Télécopieur :** 819 983-4844

www.palaisdeserables.com

LE RELAIS DES SUCRES

Julie Normand, Normand Viger

445, chemin Lac Honorat, Fugèreville, Québec J0Z 2A0

Téléphone : 819 765-2037

L'ÉRABLE ROUGE D'ANTAN

Madelaine et Gisèle Gaudreault

670, rang 6, St-Nazaire, Lac St-Jean, Québec G0W 2V0

Téléphone : 418 668-7064

SUCRERIE DU TERROIR (voir p. 170)

796, chemin Fogarty, Val-des-Monts, Québec J8N 7S9

Téléphone : 819 671-3113

info@sucrerieduterroir.com · www.sucrerieduterroir.com

SUCRERIE LE PALAIS GOMMÉ

562, chemin Doherty, L'Ange-Gardien, Québec J8L 2W8

Téléphone : 819 281-9882 · **Télécopieur :** 819 281-9882

CABANES DE CHEZ NOUS

L'HERMINE SENC

UNE HISTOIRE DE FAMILLE

Hermine Ouimet, qui a donné son prénom à l'entreprise qu'elle gère depuis 28 ans, évolue depuis toujours dans des érablières. Et le temps des sucres, qui était autrefois l'occasion de retrouvailles familiales dans la cabane de ses parents, éveille encore chez elle de l'excitation : «Oh oui, cette période représente pour moi l'euphorie, la renaissance. Sur les arbres, les bourgeons s'ouvrent, les feuilles commencent à verdir. Les gens sont heureux de sortir dehors après les rigueurs de l'hiver.»

Hermine aimait en fait tellement cette ambiance qu'il y a 47 ans, alors qu'ils étaient déjà bien occupés avec une ferme laitière, son mari et elle ont commencé à proposer des repas de cabane à un cercle élargi d'amis. Puis, de fil en aiguille, les demandes se sont multipliées et un déménagement s'est avéré nécessaire. Mais attention, il n'a jamais été question de dénaturer l'image familiale de l'entreprise. «On est toujours restés en famille. Petits, mes enfants me suivaient d'ailleurs tout le temps à la cabane et participaient aux tâches. L'une allait porter les plats aux tables, l'autre faisait la vaisselle, l'autre encore préparait des fèves au lard. Tout le monde aidait.» Il n'est donc pas étonnant que quatre des cinq rejetons d'Hermine aient sauté sur l'occasion lorsqu'elle a commencé à parler de retraite. «On avait bien nos emplois respectifs, raconte Chantal, une de ses quatre filles, mais on trouvait dommage de ne pas continuer cette tradition, donc on a fait le choix d'abandonner nos carrières pour recommencer ici. Et on espère un peu que ce sera la même chose avec nos jeunes, qui nous aident à tous les postes à leur tour.»

On l'aura ainsi deviné, la force essentielle de la cabane L'Hermine repose sur une famille Ouimet « tricotée serrée » et qui a à cœur le respect des traditions. La fondatrice de l'entreprise refuse d'ailleurs toute idée d'agrandissement, pour ne pas perdre une caractéristique qui a pour beaucoup contribué à son succès et lui a permis de remporter le Grand Prix du tourisme de sa région. « Comme je le dis souvent, on n'a que deux bras, deux jambes et un cœur, alors on ne peut pas nous demander l'impossible », explique Hermine. « On veut donc garder notre cabane à une échelle humaine, pour avoir un contact direct avec les clients et vérifier s'ils sont satisfaits. » Elle préfère d'ailleurs largement être en mesure de placer elle-même sa clientèle aux tables, que de recevoir un millier de personnes par repas comme cela se fait dans certains établissements. « Lorsque les clients arrivent, ils me font des becs, parfois des caresses, même si 200 personnes attendent derrière. Certains viennent me voir depuis nos tous débuts et nous visitent jusqu'à trois ou quatre fois par an. » C'est ce qu'on appelle de la fidélité, effectivement !

Si le caractère familial est la pierre angulaire de cette cabane à sucre, il ne faut toutefois pas négliger le soin apporté aux produits qui y sont préparés. Effectivement, Hermine Ouimet s'est à plusieurs reprises distinguée pour la qualité de son sirop d'érable et s'est notamment vue couronner du prix de l'Excellence internationale et de celui de Grand maître sucrier. Une réputation qui a fait d'elle une collaboratrice de choix pour des grands noms comme le Fourquet Fourchette ou la Boulangerie Saint-Donat, qui s'approvisionnent chez elle au même titre que plusieurs épiceries fines et petits commerces du Grand Montréal. Au fil des ans, des créations sont aussi venues s'ajouter à la tire et au beurre d'érable que l'on retrouve partout, comme des gelées à l'érable et à la lavande, ou encore des épices à l'érable. Hermine est d'ailleurs tellement convaincue que tout va bien avec cet ingrédient qu'elle a réalisé, il y a de cela quelques années, un livre de recettes dédiées à l'érable qu'elle a depuis écoulé à plusieurs milliers d'exemplaires. « Ça a l'air tout bête, insiste sa fille Chantal, mais juste une cuillère à soupe de sucre d'érable dans un marmite de potage peut faire une différence intéressante. » À voir le sourire complice que partagent à cet instant la mère et la fille lorsqu'elles parlent de leur passion commune, on sait déjà que la cabane L'Hermine a de beaux jours devant elle.

FICHE DESCRIPTIVE

COMMODITÉS

RENSEIGNEMENTS GÉNÉRAUX

Date de l'ouverture : 1982
Production de sirop d'érable : 10 000 entailles,
3 000 gallons
Horaire : • De mars à avril, tous les jours de la semaine,
pour les dîners et soupers
• Sur réservation le restant de l'année
Capacité d'accueil : 275 personnes
$ moyen : • Adultes : 16 à 22 $
• Enfants : 6 à 10 $

PAIEMENTS ACCEPTÉS

REPAS

Menu : Traditionnel
Spécialités de la cabane : Soupe aux pois, oreilles de crisse
claires et foncées
Service : Aux tables
Tire : Tire sur la neige personnalisée

ALCOOL

ACTIVITÉS/SERVICES

En vente : • Sirop d'érable
• Produits de l'érable à emporter : sucre, beurre,
gelée, et aux fruits ou à la lavande, bonbons, etc.
• Plats cuisinés à emporter
Autres : Tour en train dans l'érablière
Hors du temps des sucres : • Location de salle
• Service de traiteur : cuisine de
cabane, cuisine québécoise,
cuisine internationale, cuisine
à thème, cuisine
gastronomique, méchoui

ANIMATIONS

CHALET DES ÉRABLES

LA RONDE DE L'ÉRABLE

En 1948, lorsque Jean-Guy Lampron et son frère Marius ont commencé à exploiter une petite érablière de manière familiale, ils n'auraient jamais imaginé que soixante ans plus tard, ce passe-temps deviendrait une entreprise florissante de plusieurs dizaines d'employés lors du temps des sucres. « Les anciens propriétaires entaillaient simplement les érables, explique monsieur Lampron, alors nous aussi, au début, on avait juste une bouilloire dans une toute petite cabane. Et puis, il y a une dame de la région de Montréal qui est venue faire plusieurs partys d'une trentaine de personnes. C'est elle qui a poussé Marius à bâtir une bâtisse pour accueillir plus de gens. J'avais juste 16 ans, imaginez-vous ! »

Le Chalet des Érables, qui proposait à l'époque des repas à 1,50 dollar (sic) par personne a beaucoup changé depuis les années 1950. Avec une touche d'humour, le propriétaire raconte qu'à l'origine, quand il n'y avait pas de permis d'alcool à demander, les choses étaient un peu différentes de maintenant : « Les gens apportaient leurs caisses de bières et s'en mettaient une petite. Aujourd'hui, ils sont plus sages. » Le fait que les législations aient été plus sévères par la suite n'a cependant pas freiné le succès de la petite entreprise. Agrandie à plusieurs reprises, embellie, enrichie de toutes sortes d'attractions, elle a maintenant une capacité d'accueil de plus de 1000 visiteurs et produit bon an mal an quelque 800 gallons de sirop d'érable. La force de cet établissement ? Une excellente ambiance et une panoplie d'activités qui font de cette cabane à sucre la plus animée au Québec. « Les gens viennent ici pour manger un bon repas, c'est sûr, mais aussi pour s'amuser avec les enfants, explique Jean-Guy Lampron. C'est simple, si ces derniers viennent une fois nous voir, ils ne veulent plus aller nulle part ailleurs ! »

CHALET DES ÉRABLES
384, montée Gagnon
Sainte-Anne-des-Plaines
Québec J0N 1H0
450 478-0822

www.chaletdeserables.com

Le propriétaire sait de quoi il parle, car sur l'immense terre qui appartient aux Lampron, se dresse juste à côté de la cabane à sucre elle-même le village des sucres, un paradis pour la famille. Sur place, une traditionnelle fermette et la bouilloire, mais aussi des structures géantes gonflables, des spectacles de clowns, des maquilleuses, des tours de poneys ou d'autos tamponneuses, des arcades, des quatre roues miniatures, un taureau mécanique, des calèches tirées par des chevaux, une voiture antique, un camion de pompier et le très apprécié Choo-Choo Express, un vrai petit train, attendent les visiteurs. Plus encore, pour les gourmands, une réplique de magasin général propose des produits de l'érable, des chocolats et divers travaux artisanaux. «Nous avons même un graveur sur bois, de manière à ce que les gens puissent voir comment il travaille.»

Ajourd'hui, Jean-Guy Lampron œuvre aux côtés de sa fille, qui a repris l'affaire avec son mari. Et si on lui demande si sa passion pour l'érable s'est ternie au fil du temps, il répond: «Absolument pas. J'ai toujours aimé le temps des sucres, et j'ai travaillé toute ma vie dans l'érable. Nous représentons une belle tradition qu'il ne faut surtout pas perdre. Mais j'ai bien confiance que les générations à venir reprendront cet héritage.»

FICHE DESCRIPTIVE

COMMODITÉS

PAIEMENTS ACCEPTÉS

ALCOOL

ANIMATIONS

RENSEIGNEMENTS GÉNÉRAUX

Date de l'ouverture : 1968
Production de sirop d'érable : 4 500 entailles
800 gallons
Horaire : De mars à avril, samedi pour les dîners à partir
de 12 h et les soupers à partir de 17 h 30, dimanche pour
les dîners à partir de 12 h
Capacité d'accueil : 200 personnes
$ moyen : 19 $

REPAS

Menu : Traditionnel
Spécialités de la cabane : Pains et beurre, soupe aux pois,
jambon fumé à l'érable, fèves au lard, grands-pères dans
le sirop
Service : Buffet à volonté
Tire : Sur la neige

ACTIVITÉS / SERVICES

En vente : • Sirop d'érable
• Produits de l'érable à emporter : gelée, beurre,
bonbons, sucre
Hors du temps des sucres : • Location de salle
• Service de traiteur : sur place
ou à l'extérieur de la cabane

ÉRABLIÈRE JEAN PARENT

TRADITIONS ET FOLKLORE À L'HONNEUR!

L'érablière Jean Parent a fêté en 2010 ses cinquante ans. Et un demi-siècle après ses débuts, cette cabane à sucre est demeurée presque inchangée. La bouilloire se trouve toujours à l'intérieur de la bâtisse centrale, si bien que tous les clients la voient en venant manger. Le bois habille toujours tous les murs de l'établissement, seules quelques rénovations comme des aménagements pour les personnes handicapées ayant été permises par les propriétaires. La cuisine se réalise toujours sur un poêle à bois. Même le mobilier est antique. Enfin et surtout, la famille Parent réalise sa cueillette d'eau d'érable à l'ancienne, armée de raquettes, de chaudières et d'un gros tonneau en bois. «Pour nous, c'est important que la tradition soit respectée, confirme Francine Parent, qui a repris avec son frère et sa sœur cette érablière appartenant auparavant à leurs parents. On a grandi là-dedans, puisqu'on était toujours rendus ici quand on était petits. Mes parents faisaient les sucres au printemps, organisaient des épluchettes de blé d'Inde et des noces l'été, ainsi que des soupers canadiens l'automne. Bref, c'est un peu une seconde maison pour nous, cette érablière.»

Une autre tradition est chère aux propriétaires : la musique folklorique. On ne le répétera jamais assez, Lanaudière est une terre riche d'artistes évoluant dans la musique traditionnelle. Des artistes que l'Érablière Jean Parent se fait un devoir d'inviter devant un public conquis lors de soupers spectacles. «C'est une des grandes forces de la région, alors on veut encourager ces ensembles de notre mieux. Et quand ils ne sont pas là en personne, on fait jouer leur musique, comme ça, les gens peuvent danser quand même s'ils le veulent.»

Une ambiance festive qui va de pair avec une nourriture maison servie à volonté et dont les spécialités, aux dires de madame Parent, sont les fèves au lard et les crêpes soufflées. Des cretons maison, du bacon et des saucisses dans le sirop complètent un menu déjà bien garni

ÉRABLIÈRE JEAN PARENT
1571, route 343 Nord
Saint-Ambroise-de-Kildare
Québec J0K 1C0

www.mondialweb.qc.ca/erablierejeanparent

et qui s'achève avec l'incontournable tire d'érable, que l'on déguste étonnamment à l'intérieur, ce qui évite de se vêtir chaudement en cas de neige abondante ou de grand froid.

Toutefois, de petites cabanes comme l'Érablière Jean Parent, aussi populaires soient-elles, peuvent-elles vraiment être viables aujourd'hui, alors même qu'elles ne sont ouvertes que pour le temps des sucres? «Il est certain que ce milieu a beaucoup changé, avoue la propriétaire. Maintenant, on ne peut plus vivre en n'entretenant que 2000 ou 3000 entailles. Les gens doivent viser plus gros, des 15 000 à 20 000 entailles, sinon l'érable n'est pas payant à l'année. Et évidemment, ils ne peuvent plus se permettre de conserver les chaudières, ils installent des tubulures. On voit aussi plus de coupures entre la restauration et la production de sirop d'érable. De plus en plus de cabanes à sucre n'entaillent plus d'érables et se contentent d'acheter le sirop.»

Madame Parent est tout de même optimiste en pensant à l'avenir. Peut-être ses petits-enfants auront-ils moins d'attachement qu'elle pour la tradition de l'érable et refuseront-ils de déployer les efforts nécessaires pour la garder vivante, mais pour le moment, l'érablière fait partie inhérente des Québécois. «Les gens d'ici s'identifient aux cabanes à sucre. Ils sont obligés d'y aller au moins une fois par an, sinon ils ont l'impression d'avoir manqué quelque chose.» En un mot, cette tradition est loin, très loin de disparaître.

FICHE DESCRIPTIVE

COMMODITÉS

PAIEMENTS ACCEPTÉS

ALCOOL

ANIMATIONS

RENSEIGNEMENTS GÉNÉRAUX

Date de l'ouverture : 1960

Production de sirop d'érable : 3 200 entailles

Horaire : De mars à avril, du mardi au dimanche, de 10 h à 18 h

Capacité d'accueil : 200 personnes

$ moyen : • Adultes : 14 à 18 $

• Enfants : 6 à 9 $

• Soupers spectacles : 20 à 28 $

REPAS

Menu : Traditionnel

Spécialités de la cabane : Fèves au lard, bacon, crêpes soufflées

Service : Aux tables

Tire : Sur la neige

ACTIVITÉS/SERVICES

En vente : • Sirop d'érable

• Produits de l'érable à emporter : sucre, beurre, suçons, cornets, bonbons, pain de sucre, etc.

LA CABANE À PIERRE

BÂTISSEUR DE PATRIMOINE

Pierre Faucher n'est pas un homme ordinaire. Pourtant, ce Beauceron d'origine, qui a grandi dans l'ouest de Montréal, n'a pas eu une enfance différente des autres. Il menait une vie citadine et, le temps des sucres venu, allait comme bien d'autres rendre visite à sa famille pour participer à la fabrication du sirop d'érable. Toutefois, son père, qui lui avait été élevé en Beauce, lui a insufflé le goût du voyage et du rêve. « Il me contait tout le temps des histoires de vie à la campagne, le quotidien des bûcherons au début du XXe siècle. J'essayais donc de m'imaginer à cette époque. Mais bien sûr, c'était inaccessible dans ma tête d'enfant, alors j'ai fait d'autres choix. »

Effectivement, il a fait des études universitaires en relations publiques, puis il a travaillé pour une multinationale… jusqu'à ce qu'à 21 ans, il abandonne tout pour partir en voyage ! Après avoir traversé de part en part le Canada pour aller à la rencontre de ses origines, il a pendant cinq ans bourlingué à travers le monde, alternant petits boulots et déplacements. Europe, Afrique, Amérique du Sud et du Nord, la découverte de tous ces continents lui a permis de côtoyer des personnes, des cultures et des mœurs qui lui ont beaucoup apporté. « C'est une qualité de vie qu'on ne peut pas se payer », dit-il encore aujourd'hui, conscient de l'influence positive que cette expérience singulière a pu avoir sur sa vie par la suite.

Justement, à son retour au Québec, une carrière en relations publiques n'intéressait vraiment plus du tout Pierre Faucher, donc il s'est ouvert à d'autres opportunités et a commencé un peu par hasard à travailler dans une érablière, un univers qu'il ne quitterait jamais plus. Il avait 31 ans. Comment expliquer un tel revirement ? « Il est primordial à mes yeux de garder la mémoire de nos racines. Aujourd'hui, tout se mondialise, et l'idée personnelle devient de plus en plus rare. Voilà pourquoi l'érable et, plus largement, l'érablière répondent à un besoin physiologique et psychique de retour aux sources. La tradition du temps des sucres et la découverte de la vie rurale de nos ancêtres nous permettent de faire un voyage dans le temps, de retrouver notre identité tout en profitant de la nature. »

Heureux dans cette branche, Pierre Faucher a acquis en 1978 à Rigaud, en Montérégie, une terre qu'il a littéralement transformée en village d'antan. « Ça a vraiment été mon premier grand coup de cœur. La cabane sur place n'avait même pas d'eau courante, alors tout était à faire. » Et tout a été fait dans les règles à la Sucrerie de la montagne. Oubliées, les cabanes à sucre en tôle et les petites nappes à carreaux! Les salles de réception ont un cachet d'antan incroyable, tout particulièrement la plus vaste d'entre elles, logée sous le toit cathédrale de la grange d'époque. On retrouve aussi non loin de la bâtisse centrale le coin boulangerie, un magasin général au charme suranné, ainsi que tout le nécessaire pour faire en sorte que le temps s'arrête pendant quelques heures ou quelques jours, du traîneau tiré par des chevaux aux petites cabanes restaurées à louer pour la nuit. Avec un tel panorama, il n'est pas étonnant que de nombreux médias, dont le *New York Times* et le *Toronto Star*, aient encensé cet endroit.

Toutefois, Pierre Faucher n'avait pas encore réalisé son rêve de jeunesse, à savoir celui de recréer en Beauce, le berceau de sa famille, le monde que son père lui contait quand il était tout petit. « La Cabane à Pierre, avoue-t-il, je l'ai faite du fond de mon cœur pour représenter le patrimoine des Beaucerons. Parce que la Beauce, c'est vraiment le pays par excellence de l'érable. Elle se trouve dans les Appalaches, donc toutes les érablières y bénéficient de la présence rocheuse et de l'eau de source en abondance sur place. » Monsieur Faucher a décidé de donner à la terre ancestrale de sa famille l'allure d'un camp de bucherons du XVIIIe siècle.

LA CABANE À PIERRE
566, Rang 2, Frampton
Québec G0R 1M0
418 479-5200

www.cabaneapierre.com

Tous les éléments y sont réunis : grande bâtisse en bois rond avec foyer central et four à bois, tour à pain, ancienne cabane dédiée à la fabrication du sirop d'érable, spécialités régionales servies à volonté à de grande tablées en bois, chansonniers et animations traditionnelles. Une bouffée magique d'authenticité que complètent des activités comme les Olympiades du bûcheron, au cours desquelles l'équilibre, la vitesse, l'endurance et la force sont mises à l'épreuve. « Les gens ont beaucoup de plaisir à faire ces petites compétitions en forêt. Ce que je leur propose, et ils jouent le jeu, c'est de laisser derrière eux la ville, le stress et l'asphalte, pour se retrouver dans la nature, s'y baigner et communier avec elle. »

Fort de ces succès, de sa facilité à communiquer avec tous les types de public, de la passion sans faille qu'il voue aux traditions canadiennes et, il faut le dire, d'une physionomie parfaitement en accord avec sa profession, Pierre Faucher est devenu au fil des ans l'un des ambassadeurs les plus connus du pays à l'étranger. Mandaté régulièrement par le Canada pour promouvoir le tourisme national aux États-Unis, en Europe, en Asie et en Afrique, il prend beaucoup de plaisir à ferrer ses prises. « Et ça mord bien, explique-t-il en souriant derrière sa grosse barbe blanche. Les étrangers sont attirés par les grands espaces, l'accueil chaleureux des gens du pays, la nature immense et accessible. Et puis, le Canada est encore considéré comme l'un des derniers eldorados mondiaux. Alors, mon rôle se résume moins à leur faire goûter des produits qu'à les faire voyager dans mon imaginaire. »

Et ça fonctionne si bien que Pierre Faucher a même eu à distance pendant dix-huit ans, dans la ville française d'Angers, un restaurant-cabane proposant différentes spécialités québécoises, de la tourtière au saumon fumé, en passant par le bison et, bien sûr, la fameuse tarte au sucre. Bref, ce passionné n'a jamais cessé de bâtir, ailleurs comme ici. Dans le respect de ses origines et de ses convictions, avec le sentiment du devoir accompli. « J'aurai fait mon petit apport à la culture québécoise, dit-il. Bien sûr, par rapport à tout ce qui existe dans cette culture, je ne suis qu'un tout petit maillon, mais j'en suis très fier. » Un homme vraiment peu ordinaire, ce Pierre Faucher.

FICHE DESCRIPTIVE

COMMODITÉS   PAIEMENTS ACCEPTÉS   ALCOOL   ANIMATIONS

RENSEIGNEMENTS GÉNÉRAUX

Date de l'ouverture : 1992
Production de sirop d'érable : 750 entailles
Horaire : De mars à avril, tous les jours de la semaine, repas à 12 h et à 18 h, sur réservation en tout temps
Capacité d'accueil : 400 personnes
$ moyen : 25 $

REPAS

Menu : Traditionnel
Autres formules de menus : Cuisine traditionnelle, gastronomique, méchouis
Service : Aux tables
Tire : Sur la neige

ACTIVITÉS / SERVICES

En vente : • Sirop d'érable
           • Produits de l'érable à emporter : sucre, beurre, suçons, cornets, bonbons, pain de sucre, etc.
Autres produits à emporter : Tourtières
Autres : • Chansonniers et petits groupes de musique traditionnelle
       • Animation pour les enfants
       • Pour les groupes : organisation d'Olympiades de bûcheron
Hors du temps des sucres : • Location de salle
                          • Repas de cabane à sucre disponible à l'année

ÉRABLIÈRE DU CAP

PLAISIRS D'HIVER

Chez les Tardif, la tradition de l'érable est bien présente depuis toujours. Joannie, de la dernière génération et copropriétaire de l'Érablière du Cap, se rappelle que ses grands-parents avaient déjà une petite cabane sur leurs terres, à l'intérieur de laquelle toute la famille se réunissait chaque année au temps de sucres. « Nous-mêmes, raconte-t-elle, on a grandi là-dedans, car mes parents ont racheté l'érablière de mon grand-oncle en 1998 et nous ont bien sûr, ma sœur et moi, fait mettre la main à la patte sans tarder. » Alors, même si elle n'avait initialement pas prévu de reprendre l'affaire, elle s'est de fil en aiguille retrouvée avec une opportunité qu'elle ne pouvait refuser.

Évidemment, pour la jeune femme de 26 ans, l'érable a une connotation très familiale et traditionnelle. « C'est le moment où on se regroupe, où on retrouve nos racines. C'est cet esprit qui domine dans les groupes que nous recevons ici. Qu'ils soient avec leurs proches ou avec des collègues de travail, ils aiment se retrouver ensemble dans un endroit différent de leur quotidien, mais qui fait intrinsèquement partie de leurs traditions, au même titre que Noël. » C'est d'ailleurs la logique de groupe qui occupe la plupart du temps Joannie Tardif, sa sœur et ses parents, puisque l'Érablière du Cap est ouverte tout au long de l'année. Aussi, après le temps des sucres, huit à dix mois sont généralement consacrés au tourisme, et le reste du temps est comblé par l'organisation de réceptions diverses. Des forfaits assez originaux sont aussi proposés aux curieux, comme des rallyes routiers ou des soirées de fondue chinoise.

Toutefois, c'est l'érable qui demeure le centre d'attraction le plus important de l'endroit. Pendant la saison des sucres, il est au cœur d'un menu typique et accompagné de gigues et de rigodons enjoués interprétés par un chansonnier local. « Mais nous mettons surtout l'emphase, tout au long de l'année, sur l'interprétation de l'érable, complète Joannie Tardif.

ÉRABLIÈRE DU CAP
1925, chemin Lambert, Saint-Nicolas
Québec G7A 2N4

418 831-8647

www.erabliereducap.com

Pour nous, c'est une matière première dont les Québécois peuvent être fiers. C'est pour cela que nous tenons à le faire connaître à nos visiteurs, à leur en expliquer toutes les facettes et à leur faire prendre conscience de l'énergie qui est nécessaire pour transformer sa sève en sirop. » La visite commentée des installations dure donc de 30 à 40 minutes, plutôt que de se résumer comme ailleurs à un simple coup d'œil sur la bouilloire.

Pour celles et ceux qui ont néanmoins plus envie de se défouler que de s'instruire, l'érablière met à leur disposition un arsenal d'activités extérieures : raquettes, glissades sur chambre à air, traîneau à chien, animation de contes et légendes amérindiens ; il y en a pour tous les goûts et tous les portefeuilles. « Je pense qu'il s'agit d'une des clefs pour assurer notre avenir, explique Joannie Tardif. Je sens comme d'autres que nous allons bientôt connaître beaucoup de changements dans le milieu des cabanes à sucre. Il faut de plus en plus fidéliser sa clientèle autrement qu'avant. Par exemple, les gens qui viennent ici en famille veulent à présent être occupés toute la journée et repartir avec un bout de cabane dans leur sac, sous la forme de spécialités à emporter. » Ce sont donc les deux axes que Joannie et sa sœur Marie-Josée, qui représentent la nouvelle garde d'un métier, il faut l'avouer, vieillissant, souhaitent explorer. Mais à quoi ressemblera donc la cabane à sucre de demain ?

FICHE DESCRIPTIVE

COMMODITÉS

PAIEMENTS ACCEPTÉS

VISA

ALCOOL

ANIMATIONS

RENSEIGNEMENTS GÉNÉRAUX

Date de l'ouverture : 1984
Production de sirop d'érable : 4 000 entailles
Horaire : De mars à avril, tous les jours, de 12 h à 18 h
Capacité d'accueil : 450 personnes
$ moyen : 17 $

REPAS

Menu : Traditionnel
Spécialités de la cabane : Crêpes
Autres formules de menus : Cuisine traditionnelle,
gastronomique, méchouis
Service : Aux tables à volonté
Tire : Sur la neige

ACTIVITÉS / SERVICES

En vente : • Sirop d'érable
    • Produits de l'érable à emporter
Autres produits à emporter : Tartes, tourtières,
soupe aux pois, etc.
Autres : • Chansonniers
   • Glissades
   • Contes amérindiens
Hors du temps des sucres : • Location de salle
      • Service de traiteur (menus
       au choix ou sur mesure)
      • Forfaits divers : fondue et
       traîneau, rallye automobile,
       paint-ball

SUCRERIE JEAN-LOUIS MASSICOTTE ET FILLES

RETOUR AUX SOURCES

Saviez-vous que la plus ancienne cabane à sucre du Québec se trouve en Mauricie ? En fait, rares sont encore ceux qui ont eu la chance de se rendre à celle que les hommes de la famille Massicotte se sont léguée de génération en génération depuis 1710. Il est vrai que cette petite bâtisse d'à peine 40 places et active moins de deux mois par an n'a été ouverte au public qu'au XXe siècle, quand les parents de Jean-Louis Massicotte ont décidé d'en exploiter un petit volet de restauration. Par souci d'authenticité, rien n'a cependant été changé. La cabane n'a pas été agrandie, les tracteurs et les jeux gonflables n'ont pas envahi la cour, et aucun produit d'érable n'attend les visiteurs dans une petite boutique.

Mais alors, qu'est-ce qui distingue tant ce lieu des autres, en dehors du fait qu'il s'agit d'une bâtisse ancestrale ? Eh bien, justement, le fait qu'ici, tout est fidèle aux traditions, à commencer par l'absence d'électricité dans la cabane. « Effectivement, confirme Jean-Louis Massicotte, tout est vraiment à l'ancienne. L'éclairage intérieur est assuré par des fanaux au gaz, le chauffage et la cuisine, grâce à des poêles à bois, et nous ne disposons d'aucun moteur électrique. L'expérience que nous proposons, c'est de vivre une visite de cabane à sucre comme cela se faisait avant. » Et de là, la surprise d'apprendre qu'il n'y a pas si longtemps que le phénomène « de masse » des cabanes à sucre a débuté, puisque l'électricité n'y est la plupart du temps arrivée que dans les années 1970. « Les gens viennent ici pour se remémorer des souvenirs d'enfance, jaser et se ressourcer », poursuit le propriétaire.

Ce serait cependant oublier les curieux, plus jeunes ou d'origine étrangère, qui viennent découvrir cette cabane unique en son genre quand ils arrivent à y décrocher une place. Qu'apprécient-ils de leur expérience ? « L'ambiance toute particulière de l'endroit, bien sûr, mais aussi notre nourriture toute faite maison, notamment

SUCRERIE JEAN-LOUIS
MASSICOTTE ET FILLES
101, route 159 P.R.
St-Prosper-de-Champlain,
Québec G0X 3A0
418 328-8790

www.laperade.qc.ca/massicotte

nos crêpes dentelle faites avec de la farine biologique du coin et nos omelettes montées au four à bois.» Le propriétaire convie aussi ses visiteurs, après le repas, à le suivre en forêt pour aller faire la cueillette de l'eau d'érable à l'ancienne, c'est-à-dire sur un tout petit traîneau harnaché à un cheval et sur lequel trône un gros baril en chêne servant à recueillir la précieuse sève. «C'est clair, ici, on ne vend pas des tee-shirts et on ne fait pas jouer des violoneux, mais on est vraiment authentiques. Je suis de type conservateur et pense que le Québec étant un pays encore jeune, nous n'avons pas beaucoup de trésors culturels. En fait, on a nos églises et nos cabanes à sucre. Et ces cabanes, c'est une tradition que je veux faire connaître aux gens, surtout aux jeunes et aux enfants. C'est pour ça que nous gardons toute petite notre entreprise, on veut faire vivre ce que nous-mêmes, nous avons vécu par le passé.»

Une noble cause, si l'on sait qu'il est impossible de vivre des revenus rapportés par cette activité saisonnière. Mais Jean-Louis Massicotte n'en a cure. Il mène parallèlement une carrière, de même que ses filles qui le soutiennent avant de prendre sa suite, et considère cet endroit comme un refuge. «Moi, l'érable, je suis dedans depuis que j'ai 18 ans. Alors, cette érablière, c'est un peu comme mon hobby. Certains aiment aller jouer au golf ou faire de l'escalade en montagne. Moi, j'ai mon Nautilus juste à côté de la maison, et la seule chose que je demande, c'est de garder la santé pour continuer ce que j'ai commencé.» Un vrai passionné!

FICHE DESCRIPTIVE

COMMODITÉS   PAIEMENT ACCEPTÉ   ALCOOL   ANIMATIONS

RENSEIGNEMENTS GÉNÉRAUX

Date de l'ouverture : 1710 • par le propriétaire en 1980
Production de sirop d'érable : 700 entailles
                                  30 gallons
Horaire : De mars à avril, fin de semaine, services à 10 h,
13 h et 18 h, en semaine, services à 12 h et 18 h
Capacité d'accueil : 43 personnes
$ moyen : • Adultes : 20 à 23 $
              • Enfants de plus de deux ans : 5 à 11 $

REPAS

Menu : Traditionnel
Spécialités de la cabane : Crêpes dentelle à
la farine biologique
Service : Aux tables à volonté
Tire : Sur la neige

ACTIVITÉS/SERVICES

En vente : • Sirop d'érable
            • Produits de l'érable à emporter
Autres produits à emporter : Tartes, tourtières,
soupe aux pois, etc.

ÉRABLIÈRE LA PENTE DOUCE

CARREFOUR GOURMAND

A priori, l'érablière La pente douce, située dans une petite localité du Centre-du-Québec, n'a rien de particulier. De taille moyenne, cette entreprise familiale, qui produit approximativement 150 gallons de sirop d'érable annuellement et qui peut recevoir jusqu'à 300 personnes dans sa salle à manger, vit du temps des sucres et de l'organisation d'autres événements le reste de l'année. Pourtant, chose amusante, des personnes de nombreuses régions s'y retrouvent plutôt que de visiter des cabanes concurrentes. Pourquoi ? Eh bien, justement, parce que cet établissement est géographiquement central. « Quand quelqu'un a par exemple de la famille venant de Montréal et de Québec, explique la propriétaire, madame Jutras, tout le monde se rejoint ici. Comme ça, quand ils repartent après le repas, ils n'ont que la moitié du chemin à faire. » Une avenue idéale pour les regroupements de famille, mais aussi associatifs et professionnels.

La Pente douce n'a cependant pas toujours eu cette vocation. Bâtie dans les années 1960 et achetée par madame Jutras en 1973, elle était surtout populaire les dimanches après-midi de la fin de l'hiver. « À l'époque, on se bousculait ici le dimanche après-midi pour danser tout en mangeant de la tire sur la neige. C'était ça, la mode. On ne préparait pas de repas et il n'y avait pas un seul ustensile dans la bâtisse, mais les gens avaient beaucoup de plaisir et c'était bien plein. » Sous la pression des demandes, les propriétaires ont tout de même greffé un volet nourriture en 1975 et se sont résolument tournés vers la restauration à compter de 1979, après l'incendie de la cabane. « Ça a été le déclic pour changer de cap, confirme madame Jutras. Mon mari a abandonné son travail à l'extérieur, et nous nous sommes concentrés sur l'érablière. Et ça a bien répondu, car on a rapidement eu toutes nos fins de semaine bien occupées, ainsi que les congés fériés et les fêtes. Nous faisons bien sûr le plein pendant le temps des sucres, mais nous recevons maintenant toute l'année des noces, des anniversaires, des réunions d'affaires et même des showers. »

ÉRABLIÈRE LA PENTE DOUCE
1549, route 122
Notre-Dame-du-Bon-Conseil
Québec J0C 1A0
819 336-5273

www.reception-lapentedouce.com

Cette diversification n'a-t-elle pas pris le pas sur la production d'érable ? Il semblerait que non, puisqu'au contraire, les propriétaires de la Pente douce ont fait le choix de conserver ce domaine d'activités le plus traditionnel possible. « On fonctionne à l'ancienne, chez nous, explique madame Jutras. On ramasse l'eau à la chaudière parce que je trouve que c'est une belle tradition et que ça permet aux gens de se balader librement dans l'érablière, sans être arrêtés par des tubulures. On n'a pas non plus une bâtisse de cent mille dollars spécialement pour produire le sirop. Dans la nôtre, tu vois à travers les planches la bouilloire, et quand elle fume, eh bien, tout le monde fume avec dans la cabane. C'était comme ça aussi, dans le temps. Et puis, notre production d'érable, on l'utilise seulement pour nos besoins personnels, c'est-à-dire les repas à la cabane et les achats des clients. Quand il n'y en a plus, il faut attendre l'année suivante, on n'ira pas en acheter ailleurs. »

Cette conception traditionnelle de l'érable est une manière pour madame Jutras de perpétuer un héritage familial. Comme beaucoup de personnes en région, elle se souvient en effet avoir toujours connu les petites cabanes à sucre familiales et en garde un souvenir impérissable. « C'est notre patrimoine, à nous, les Québécois. Quand le printemps arrive, on a des petites antennes qui se relèvent et qui pressentent la coulée. L'érable, c'est un peu comme une drogue pour moi. Pour mon père aussi, puisqu'il est venu m'aider à ramasser l'eau d'érable jusqu'à plus de 70 ans. Il ne pouvait pas se passer de ça, il fallait absolument qu'il aille à l'érablière. Il ramassait l'eau et la bouillait à son rythme, c'est sûr, mais ne manquait jamais à l'appel. C'était important pour lui. Alors, on continue son œuvre, quelque part. Ça prend de la passion pour faire ce métier, parce que tu n'as pas d'heure et tu travailles tout le temps. Mais chez nous, on adore ça. » Tant mieux pour nous !

FICHE DESCRIPTIVE

COMMODITÉS   PAIEMENT ACCEPTÉ   ALCOOL   ANIMATIONS

RENSEIGNEMENTS GÉNÉRAUX

Date de l'ouverture : 1960

Production de sirop d'érable : 1 600 entailles
                                        150 gallons

Horaire : De mars à avril, samedi soir et dimanche midi,
sur réservation en semaine pour les groupes

Capacité d'accueil : 300 personnes

$ moyen : 14 $ à 17 $

REPAS

Menu : • Traditionnel
       • Buffet à volonté

Spécialités de la cabane : Soupe aux pois, fèves au lard,
saucisse à l'érable, oreilles de crisse, pouding chômeur,
tarte au sucre

Service : Aux tables à volonté

Tire : Sur la neige

ACTIVITÉS / SERVICES

En vente : • Sirop d'érable
           • Produits de l'érable à emporter : sucre, beurre,
             gelée, bonbons, tire sur la neige

Hors du temps des sucres : • Location de salle
                           • Service de traiteur : sur place
                             ou à l'extérieur de la cabane

ÉRABLIÈRE DU LAC BEAUPORT

COULÉS DANS LE SIROP !

Même s'il n'en vit lui-même que depuis 1994, cela fait plus de 150 ans que la famille de Richard Lessard évolue dans la production de sirop d'érable. « Nous venions de la Beauce, où il règne un microclimat si propice à cette production qu'on la surnomme "Le pays de l'érable". Il y avait donc des cabanes à sucre un peu partout et faire du sirop était naturel pour tout le monde. » Richard a ainsi senti la sève couler dans ses veines dès son plus jeune âge et a répondu à cet appel dès qu'il a pu le faire. « Il faut dire que l'érable est vraiment unique. Je le considère même comme de l'or liquide. Parce que l'érable à sucre n'existe qu'ici. Parce que c'est la feuille d'érable qu'on retrouve sur le drapeau canadien. Et puis, parce que c'est cette même feuille qui rougit de si belle manière à l'automne, un phénomène vraiment extraordinaire. »

À présent, Richard Lessard travaille de six à huit mois par année dans l'érablière et comble le reste du temps avec un service de traiteur. Le temps le plus fort de l'année, raconte-t-il, est évidemment celui des sucres, qui dure de deux à cinq semaines selon les années. Attention, le temps des sucres, pour les non-initiés, n'est pas celui où on peut déguster des repas de cabane, mais bien celui où l'eau d'érable est récoltée. De là, dépend toute la production annuelle et, par ricochet, une partie importante du succès financier de l'entreprise. Alors, on ne mâche pas ses efforts pendant cette période. « Le rythme est infernal à ce moment-là, on peut travailler de six heures du matin à minuit tous les jours, en ayant à peine le temps de faire des pauses. Il faut effectivement s'assurer que les tubulures dans les érables ne soient pas déconnectées ou rongées par les écureuils, alors on part d'abord faire des tournées en raquette dans la montagne. Puis, on redescend pour partir les pompes, mettre l'eau d'érable recueillie dans les bouilloires et faire le sirop, qui est finalement prêt le lendemain. »

ÉRABLIÈRE DU LAC BEAUPORT
200, chemin des Lacs, Lac Beauport
Québec G3B 1C4
418 849-0066

www.erabliere-lac-beauport.qc.ca

Malgré ce rythme exigeant, Richard Lessard ne regrette pas du tout de s'être lancé dans cette aventure. Il est même considéré par beaucoup comme une bible vivante de l'érable. Il suffit par exemple de lui demander de parler menu de cabane pour qu'il explique spontanément les origines de ce repas: «Il ne faut pas oublier que ce menu-là, c'était celui des bûcherons d'autrefois. Ils partaient pour l'hiver travailler dans le bois et mangeaient toujours la même chose, du petit-déjeuner au souper. Ces aliments étaient en général très gras et très secs, pour pouvoir résister au temps et leur fournir l'énergie nécessaire. On retrouvait parmi eux du porc sous forme de lard, de jambon et d'oreilles de crisse. Il y avait aussi des beans, de la farine, des fèves au lard et parfois du ragoût de boulettes. Une fois l'hiver passé, dès que la neige commençait à fondre et les rivières à sortir de leur lit, les bûcherons redescendaient au village, où les gens célébraient au même moment l'arrivée du printemps et produisaient le sirop d'érable. Les bûcherons apportaient de leur côté le reste de leurs provisions pour enrichir ces repas festifs dans les cabanes à sucre familiales. Et un jour, l'un d'eux a eu l'idée de marier sa nourriture à celle des villageois, ce qui a donné un mélange sucré-salé qui a immédiatement plu et est depuis devenu une tradition à part entière.»

Intarissable sur le sujet de l'érable, Richard Lessard souhaite également que chacun de ses visiteurs puisse apprendre quelque chose en venant à sa cabane à sucre. Voilà notamment pourquoi, il y a de cela quelques années, il a suivi le conseil de son père et a bâti sur sa propriété un petit musée de l'érable, dans lequel des objets et outils propres à cette production sont exposés et expliqués au public. Puis, le camp du trappeur, une grange dans laquelle sont présentés les animaux sauvages du Québec, ainsi qu'une mini-ferme, se sont ajoutés aux installations, faisant de l'érablière du Lac Beauport une des plus éducatives et divertissantes cabanes à sucre de la région. «Et j'aimerais bien perpétuer tout ça avec mes filles. Pour l'instant, elles sont encore petites et adorent être ici, car elles se bourrent la face de sirop, de tire et de beurre d'érable dès qu'elles viennent. Alors on verra plus tard; pour l'instant, ça reste un grand vœu qu'on ne dit pas.» C'est tout le mal que nous souhaitons à ce passionné.

FICHE DESCRIPTIVE

COMMODITÉS

RENSEIGNEMENTS GÉNÉRAUX

Date de l'ouverture : 1989

Production de sirop d'érable : 12 000 entailles

Horaire : • De mars à avril, du lundi au vendredi, dîner à 13 h
et souper à 18 h 30, samedi et dimanche, brunch
à 10 h, dîner à 13 h et souper à 18 h 30
• Sur réservation le restant de l'année

Capacité d'accueil : 400 personnes

$ moyen : • Adultes : 15,95 $ à 20,95 $
• Enfants : 1 an et plus : 5 $ à 11,95 $
- de 1 an : gratuit

PAIEMENTS ACCEPTÉS

REPAS

Menu : • Traditionnel
• Possibilité de menu végétarien

Spécialités de la cabane : Oreilles de crisse, tarte au sirop

Service : Aux tables à volonté

Tire : Sur la neige

ALCOOL

ACTIVITÉS / SERVICES

En vente : • Sirop d'érable
• Produits de l'érable à emporter : sucre, beurre,
gelée, bonbons, tire sur la neige
• Cabane à sucre mobile

Autres : • Musée des animaux du Québec
• Musée de l'érable

Hors du temps des sucres : • Location de salle
• Service de traiteur : méchouis,
menus à thème, menu de
cabane à sucre
• Repas et animations spécifiques
pour les fêtes de Noël

ANIMATIONS

LA SUCRERIE BLOUIN

UNE VUE IMPRENABLE!

Sur la poétique île d'Orléans, loin des routes passagères, après un petit bois, se trouve une cabane à sucre unique en son genre, puisqu'elle est… au bord de l'eau! Effectivement, la Sucrerie Blouin, transmise de génération en génération depuis plus d'un siècle, a un positionnement que lui envient beaucoup de concurrents. «Mes grands-parents ont eu la sagesse de garder cette terre, alors que les autres alentours ont été vendues et sont devenues des endroits de villégiature, raconte Carole Blouin, actuelle propriétaire des lieux. Cette particularité nous a permis de nous distinguer, c'est sûr.»

Mais le décorum n'est pas tout, puisqu'une cabane à sucre, c'est avant tout une occasion de se réunir en famille ou entre amis pour manger un bon repas. «Ici, tout est fait maison selon les recettes de nos mères et de nos grands-mères.» Ainsi, le ragoût de boulettes à l'ancienne, que l'on trouve dans peu de cabanes québécoises, fait paraît-il courir les foules. Tradition oblige, l'animation est aussi au rendez-vous de toutes les visites grâce à un accordéoniste qui fait le tour des tables et à un gigueur qui utilise des cuillères musicales. «Les gens ont beaucoup de plaisir ici, ils adorent l'ambiance.»

LA SUCRERIE BLOUIN

2967, avenue Royale
Saint-Jean, Île d'Orléans
Québec G0A 3W0
418 829-2903

www.sucrerieblouin.com

Une atmosphère conviviale qui se poursuit à l'extérieur, où on peut bien sûr faire des tours de carriole ou se régaler avec de la tire d'érable. Toutefois, pour les plus sportifs, il est aussi possible de partir en randonnée dans l'érablière pour ramasser les chaudières qui recueillent l'eau qui s'est écoulée des érables, avant de verser ce précieux liquide dans de vieux barils que traînent des chevaux. «La tradition est importante pour nous, précise Carole Blouin. Nous la perpétuons à nos enfants comme on l'a fait pour nous, et nous la partageons avec nos clients.» Des visiteurs qui viennent d'un peu partout selon les saisons et qui, aux dires de la propriétaire, sont friands d'histoire et de connaissances sur l'érable. «Ils aiment qu'on leur raconte les choses d'autrefois, comment ça se passait à l'île d'Orléans. Alors, on les guide, on les informe.» Et on se régale dans tous les sens du terme.

FICHE DESCRIPTIVE

COMMODITÉS

RENSEIGNEMENTS GÉNÉRAUX

Date de l'ouverture : 1975

Production de sirop d'érable : 2 000 entailles

Horaire : • De mars à avril, tous les jours de 10 h à minuit
  • Sur réservation le restant de l'année

Capacité d'accueil : 250 à 280 personnes

$ moyen : • Adultes : 16,25 $ à 22,75 $
  • Enfants : 2 ans et plus : 8,50 $ à 12 $
    - de 2 ans : gratuit

PAIEMENTS ACCEPTÉS

REPAS

Menu : • Traditionnel (originalité : pâtes à la viande et
  ragoût de boulettes compris dans ce menu)
  • Possibilité de menu végétarien

Spécialités de la cabane : Ragoût de boulettes à l'ancienne

Service : Aux tables à volonté

Tire : Sur la neige

ALCOOL

ACTIVITÉS / SERVICES

En vente : • Sirop d'érable
  • Produits de l'érable à emporter : sucre mou et
    dur, beurre, gelée, caramel, tire

Autres : • Tours de snowmobile
  • Souque à la corde

Hors du temps des sucres : • Location de salle
  • Service de traiteur : méchouis,
    menus à thème, menu de
    cabane à sucre
  • Repas et animations spécifiques
    pour les fêtes de Noël

ANIMATIONS

CABANE À SUCRE MÉGANTIC

À DEUX PAS DE LA RUE PRINCIPALE

C'est quelquefois là où on s'y attendrait le moins que fleurissent les initiatives. Par exemple, l'idée que l'on se fait généralement des cabanes à sucre traditionnelles, c'est qu'il faut aller les chercher. On prend donc sa voiture, on sort de la ville, on se perd dans les petits chemins de campagne, on grogne un peu parce que nos téléphones cellulaires n'ont plus de réception. Bref, on part dans le bois et on se retrouve pendant quelques heures déconnectés, à ripailler comme le faisaient nos aïeuls, puis à prendre une petite marche dans l'érablière pour profiter de la nature ou, plus simplement, digérer notre repas. Voilà pourquoi on est bien étonné d'apprendre qu'à Lac-Mégantic, à 250 mètres de la rue principale, on peut trouver une vraie cabane à sucre. Pas une simple salle de restauration, mais une érablière en bonne et due forme, comptant quelque 1000 entailles et produisant assez de sirop d'érable pour approvisionner la salle à manger et la boutique de l'établissement.

Cette érablière originalement située se nomme Cabane Mégantic. Achetée par Renée Lévesque et son mari Charles Lacombe il y a de cela 26 ans, elle est riche de trois salles de réception qui peuvent accueillir jusqu'à 210 personnes. De quoi ravir les gens du coin, bien sûr, mais aussi la clientèle franco-américaine qui habite près des frontières étatsuniennes. « C'est une histoire de famille, tout ça, raconte madame Lévesque. L'érablière appartenait aux parents de ma belle-sœur, qui prenaient leur retraite. »

CABANE À SUCRE MÉGANTIC
3132, rang 10, Lac-Mégantic
Québec G6B 2S3
819 583-1260

L'érable, Renée et Charles le connaissaient déjà bien. «Oh que oui! Mon mari a toujours vécu là-dedans et travaillait déjà pour une grosse érablière quand on a acquis la cabane. Quant à moi, la tradition des sucres était forte par chez moi. On allait chaque année avec nos parents dans des petites cabanes familiales pour manger et récolter l'eau d'érable.» Une vision ancestrale que madame Lévesque a souhaité garder dans son entreprise, puisque toute la récolte se fait à la chaudière et que ses enfants mettent la main à la pâte. «On a aussi été beaucoup aidés par nos propres parents, se rappelle-t-elle. Ma mère et le père de Charles venaient régulièrement nous épauler. Je pense qu'on a tous ça dans le sang, c'est tout. Mon mari et moi, c'est pareil, je suis sûre qu'on ne sera pas capables de laisser nos enfants tout seuls avec l'érablière plus tard.»

La Cabane Mégantic est également reconnue pour sa nourriture, à la fois copieuse, diversifiée et qui compte quelques spécialités qu'on ne trouve, semblerait-il, nulle part ailleurs. «Je détiens en effet de vieilles recettes que m'a léguées l'ancienne propriétaire, qui avait elle-même opéré 24 ans ici. Alors, vous vous imaginez bien que ce sont de petits trésors. Les gens apprécient beaucoup notre soupe aux pois, mais ils tombent de leurs chaises quand ils voient arriver l'omelette soufflée. Ils me disent: «Mais c'est un vrai gâteau, c'est incroyable!» Et lorsqu'ils arrivent au dessert et goûtent à nos crêpes croustillantes, ils regrettent de ne pas avoir gardé davantage de place dans leur estomac.»

On l'aura compris: on mange bien à la Cabane Mégantic. Mais qu'en est-il de l'ambiance? «Elle est très chaleureuse. Les gens apprécient notre accueil et le caractère familial de notre équipe. Il faut dire que certains employés travaillent avec nous depuis plus de dix ans, ça crée des liens. Bien sûr, c'est un *rush*, on sait qu'on va travailler fort pendant deux mois, mais on le fait avec plaisir.» Et les activités ne sont pas en reste. «Chaque année, je m'escrime pour qu'on s'améliore. Si ce n'est au niveau de la cuisine, c'est ailleurs. Par exemple, depuis quelques années, on a monté un petit parc d'amusement pour les enfants avec des glissades à l'extérieur, et je n'arrête pas d'y ajouter des choses. Tout le monde me trouve bien drôle avec ça.» Une tranche de bonne humeur garantie, par conséquent, à quelques pas de la civilisation.

FICHE DESCRIPTIVE

COMMODITÉS PAIEMENTS ACCEPTÉS ALCOOL ANIMATIONS

RENSEIGNEMENTS GÉNÉRAUX

Date de l'ouverture : NC
Production de sirop d'érable : 1 000 entailles
Horaire : De mars à avril, fin de semaine de 11 h à 19 h
et sur réservation la semaine
Capacité d'accueil : 210 personnes
$ moyen : • Adultes : 16,25 $
　　　　　• Enfants : 7 $

REPAS

Menu : Traditionnel
Spécialités de la cabane : Marinades, pain, soupe aux pois,
omelette soufflée, grillades de lard, fèves au lard, jambon
à l'érable, crêpes croustillantes
Service : Aux tables à volonté
Tire : Sur la neige (La tire est servie individuellement.
Chaque personne obtient un plat à neige pour recevoir à
volonté des portions de tire chaude.)

ACTIVITÉS/SERVICES

En vente : • Sirop d'érable
　　　　　• Produits de l'érable à emporter : sucre, beurre,
　　　　　　gelée, bonbons, chocolats d'érable, pain de
　　　　　　sucre, perles à l'érable, suçons, cornets, tire
　　　　　• Plats cuisinés à emporter : fèves au lard

Autres : • Raquettes
　　　　　• Glissades à l'extérieur

ÉRABLIÈRE AU SUCRE D'OR

LA FÊTE DU PRINTEMPS

Logée au cœur d'une forêt de huit millions de pieds carrés, à l'entrée du parc des Laurentides, l'Érablière Au sucre d'or attire plus de 25000 visiteurs en deux mois chaque année. Cela semble incroyable au premier abord, mais la situation géographique idéale de l'établissement, ainsi que sa réputation assurent son succès. «Mais le principal facteur de notre réussite, c'est que les Québécois aiment sincèrement leurs cabanes à sucre. Dès que le printemps se pointe, les gens aiment venir ici pour voir du monde, profiter de l'extérieur, festoyer, chanter, danser. Bref, sortir de l'hiver parce qu'il a été long. Et les gens reviennent d'année en année, voire plusieurs fois la même année, pour marquer cette tradition.»

Ce constat est fait par Sylvain Néron, actuel copropriétaire depuis quatre ans de l'érablière avec quatre personnes, qui ont comme lui des occupations à temps plein à l'extérieur. Mais où cet homme d'affaires à l'emploi du temps déjà bien rempli a-t-il trouvé l'idée de le charger encore plus avec l'entretien d'une cabane à sucre? «Tout a commencé avec une blague, raconte-t-il. Mes enfants adoraient le sirop d'érable, et ça me coûtait cher de les satisfaire. Alors, à un moment donné, je leur ai dit: "Je vais finir par acheter une cabane à sucre pour vous nourrir, c'est pas possible!" Et là, de fil en aiguille, j'ai un peu magasiné. Je me suis intéressé à de petites érablières familiales, mais elles ne disposaient que de peu d'entaillage possible. Et puis, un jour, je suis tombé sur le dossier de l'ancienne propriétaire, dont le mari était décédé et qui n'arrivait plus à tenir toute seule. Donc, après s'être entendus sur la transaction, je me suis lancé dans l'aventure avec mes partenaires.»

Qu'a de particulier l'Érablière Au sucre d'or? Eh bien, on pourrait la nommer «érablière internationale», puisqu'elle reçoit étonnamment, au prorata de visiteurs, autant de gens de nationalités diverses que des personnes originaires de villes comme Québec et Montréal. «Nous avons en effet la chance de beaucoup travailler avec Rio Tinto Alcan,

ÉRABLIÈRE AU SUCRE D'OR
7800, rang de la Chaîne, Laterrière
Québec G7N 2A9
418 678-2505

www.sucredor.com

dont le centre de recherches attire des ingénieurs de partout à travers le monde, explique Sylvain Néron. La base militaire de Bagotville compte aussi beaucoup de gens de l'extérieur, puisqu'en 2009, on a fait un repas auquel ont assisté une centaine de personnes de 18 nationalités différentes. » Si l'on greffe à ces deux bons clients l'Université du Québec à Chicoutimi, on comprend pourquoi la clientèle de l'érablière est aussi bigarrée. Mais les étrangers apprécient-ils vraiment l'expérience de la cabane? « C'est sûr! En fait, la première chose qu'ils veulent quand ils arrivent au Québec au printemps, c'est essayer une cabane à sucre. Et certains sont surpris par la neige, mais ce n'est rien comparé à l'érable. Ils ne comprennent vraiment pas comment la sève d'un arbre qui ressemble à de l'eau peut donner un produit extraordinaire comme le sirop d'érable. Ils apprécient aussi le côté rustique de cette tradition, le folklore, quoi. Je pousse même un peu plus mon accent du coin parce que ça les fait pas mal rire. »

Et question atmosphère, Sylvain Néron et ses partenaires semblent s'y connaître, puisqu'une grande scène, dans la salle à manger, reçoit pendant deux mois des musiciens et chansonniers professionnels, mais aussi toutes les bonnes âmes qui veulent venir chanter, conter une histoire, présenter un petit numéro. « Nous tenons vraiment à ce que tous les gens, quels qu'ils soient, prennent du plaisir chez nous », souligne le propriétaire, qui va jusqu'à réaménager la salle de réception et ramener les lignes de tire sur la neige à l'intérieur pour les personnes à mobilité réduite, de manière à les accommoder. Pour les plus jeunes, de petits contenants spéciaux leur sont réservés en plus du matériel habituel. Quant aux enfants de tous âges, petits comme grands, une panoplie d'activités les attend à l'extérieur : traîneaux à chiens, tours en calèches tirées par des chevaux, petite ferme, jeux gonflables, etc. « Mais juste le fait de se promener sur le site est intéressant, d'ajouter monsieur Néron, car il est extraordinaire. On peut notamment voir toutes les pistes laissées par les animaux dans la forêt, notamment par les chevreuils qui sont nombreux ici. » Les visiteurs peuvent aussi aller faire la cueillette d'eau d'érable et la verser dans des conduits spécialement aménagés qui la ramènent par un système de gravité jusqu'à la cabane. Ou encore paresser, assis à de longues tables. « Oui, quand il fait beau, les gens veulent être dehors, s'asseoir et jaser tout en se faisant griller au soleil. Parfois, il y a jusqu'à 300 ou 400 personnes assises là pendant des heures. Et lorsqu'à 18h30, on voudrait partir, eh bien, ils sont encore là. Ils sont trop bien, que voulez-vous! Alors, on reste et on jase avec eux, voilà tout. » Avec un accueil aussi chaleureux, nul doute que l'Érablière Au sucre d'or ait de beaux jours devant elle.

FICHE DESCRIPTIVE

COMMODITÉS

PAIEMENT ACCEPTÉ

ALCOOL

ANIMATIONS

RENSEIGNEMENTS GÉNÉRAUX

Date de l'ouverture : 1975 (repris depuis 4 ans)

Production de sirop d'érable : 3 500 entailles

Horaire : De mars à avril, en semaine de 8 h à 12 h et pour les groupes le soir, samedi et dimanche, de 8 h à 14 h

Capacité d'accueil : 285 personnes

$ moyen : 17 $

REPAS

Menu : • Éléments des sucres (ex : soupe aux pois
  • Québécois (ex : pâté à la viande, grillades)
  • Formule brunch ou repas

Spécialités de la cabane : Fèves au lard, grands-pères au sirop, pâté à la viande

Service : Buffet à volonté

Tire : Sur la neige

ACTIVITÉS/SERVICES

En vente : • Sirop d'érable
  • Produits de l'érable à emporter : caramel, friandises, etc.
  • Produits cuisinés à emporter

SUCRERIE DU TERROIR

UN PETIT BIJOU !

Classée en 2009 par la revue *7 Jours* parmi les dix cabanes les plus pittoresques et chaleureuses du Québec, et visitée récemment par TVA et plusieurs ministres du Parti conservateur, la Sucrerie du terroir est un pur bonheur pour les yeux. Établie dans une maison ancestrale du début du XIXe siècle et agrandie en 1992 avec du bois provenant uniquement de l'ancienne construction, elle invite ses visiteurs à un véritable retour dans le passé, lorsqu'il n'y avait pas de salles de plusieurs centaines de convives ni de scènes, et encore moins de pistes de danse. Ici, on farandole entre les tables, le chansonnier déambule librement entre les chaises, et tout est en bois, du sol au plafond, sans oublier les tables, les bancs et les chaises capitaine. Même les serveurs sont en costume d'époque, pour assurer à chacun une expérience hors du commun.

« Effectivement, les gens apprécient beaucoup le décorum et le soin que nous avons à le conserver, car ça donne une atmosphère magique à l'endroit », explique Guy Marcotte, qui a racheté en 2007 la cabane à sucre, ainsi que la terre sur laquelle elle se dresse, ce qui lui permet d'assurer à l'année des repas champêtres, des méchouis et des services de traiteur. Ce nouveau propriétaire débordant de projets n'avait pourtant aucune connaissance du milieu de l'acériculture il y a encore cinq ans. « Je suis originaire de l'Abitibi, où ce domaine d'activité est inexistant. Je n'ai donc pas vraiment de souvenir de jeunesse dans des cabanes à sucre. J'ai connu tout ça plus tard, quand je me suis installé en Outaouais. Avec ma femme, on y allait régulièrement. Depuis une quinzaine d'années, on allait d'ailleurs toujours à la même... »

La Sucrerie du terroir, bien sûr. Alors, c'est avec beaucoup d'enthousiasme que Guy Marcotte est entré de plein fouet dans le secteur acéricole et, plus largement, agricole en 2007. Toutefois, il est conscient qu'il ne serait pas allé bien loin sans le soutien des anciens propriétaires, qui lui ont enseigné le métier et l'ont accompagné à ses débuts dans toutes les sphères de l'entreprise.

SUCRERIE DU TERROIR
796, chemin Fogarty, Val-des-Monts
Québec J8N 7S9
819 671-3113

www.sucrerieduterroir.com

« Ils ont notamment suivi notre cuisinier pendant plusieurs semaines, car je tenais à ce que la qualité de la nourriture demeure aussi excellente que lorsqu'ils étaient là. » Il ajoute d'ailleurs avec une pointe de fierté qu'il pense que cette qualité est encore meilleure aujourd'hui. « Mais bon, notre credo, ce sont les repas, alors nous tenons à ce qu'ils soient excellents. Ce sont eux qui font notre renommée, après tout. »

La production de sirop est en effet limitée, puisque seuls cinq cents érables sont entaillés. Le salaire de monsieur Marcotte, de son épouse et de son fils sont donc étroitement liés à la plus-value qu'ils peuvent apporter à leur service de restauration. Et de nombreux efforts sont faits en ce sens : chaises avec dossier, vaisselle et verrerie, plats en poterie. Côté nourriture, le menu du temps des sucres ne s'attire que des éloges. Il semblerait notamment que les oreilles de crisse, faites de bajoues de porc, ainsi que les tartelettes à la mousse d'érable fassent courir les foules. Pour ce qui est de l'ambiance, il suffit de regarder quelques clichés sur le site Internet de l'établissement pour comprendre que l'intimité qui règne dans la salle à manger favorise les échanges et la création d'une atmosphère très conviviale. Enfin, le propriétaire tient mordicus à ce qu'un seul service soit assuré de midi comme de soir. « En raison de ces choix, nous nous situons dans une restauration assez haut de gamme dont les gens raffolent. Certaines personnes, qui essayaient avant chaque année une nouvelle cabane à sucre, ont même décidé de ne plus venir qu'ici », ajoute Guy Marcotte. Une visite s'impose !

FICHE DESCRIPTIVE

COMMODITÉS

PAIEMENTS ACCEPTÉS

ALCOOL

ANIMATIONS

RENSEIGNEMENTS GÉNÉRAUX

Date de l'ouverture : 1985 (repris depuis 3 ans)

Production de sirop d'érable : 500 entailles

Horaire : • De mars à avril, tous les jours de la semaine, de 8 h à 10 h pour les déjeuners, et de 10 h 30 à 23 h pour les autres repas, sur réservation en tout temps

Capacité d'accueil : 100 personnes

$ moyen : • Déjeuners : 26 $
  • Adultes : 28 $,
  • Enfants : 2 à 12 ans : 10 $ à 18 $
      - de 2 ans : gratuit
  • Fins de semaine : 34 $ (avec spectacle de chansonnier)

REPAS

Menu : Traditionnel

Spécialités de la cabane : Pain artisanal, tartelettes à la mousse d'érable

Service : Aux tables à volonté

Tire : Sur la neige

ACTIVITÉS / SERVICES

En vente : • Sirop d'érable
  • Produits de l'érable à emporter : beurre

Hors du temps des sucres : • Plusieurs formules et menus : méchoui, cuisine gastronomique, menu du temps des fêtes, etc.
  • Location de la cabane à sucre (mariages, entreprises, etc.)
  • Service de traiteur à l'extérieur

CABANES
À SUCRE
RÉINVENTÉES

LA MAISON AMÉRINDIENNE

SE SUCRER LE BEC… À L'AMÉRINDIENNE !

Ceux qui croient encore que ce sont les colons européens qui ont découvert les propriétés de la sève d'érable seront médusés d'apprendre qu'en vérité, cette dernière était connue des Amérindiens depuis des millénaires. «Les historiens ont effectivement eu tout faux en se basant sur les écrits d'un certain Michel Sarrasin, qui aurait envoyé en 1704 une lettre à l'Académie des Sciences de Paris en leur expliquant qu'il suffisait de mettre un peu de neige au pied d'un érable le soir, pour que le matin suivant, celui-ci coule. Cette assertion nous fait sourire, mais elle a été longtemps prise au sérieux. Voilà pourquoi il faut remettre les pendules à l'heure.»

C'est ce que fait au quotidien André Michel, un peintre français arrivé au Québec il y a 40 ans et qui est devenu l'un des plus fervents défenseurs de la cause des Premières Nations. Son parcours est extraordinaire. Parti de sa Provence natale avec son fils de deux ans, qu'il a élevé seul, il a traversé l'Europe, puis l'Afrique, avant de se retrouver à l'île de la Réunion. Sur place, il a un jour rencontré une galeriste montréalaise qui l'a invité à exposer ses œuvres à Montréal… où il a débarqué à l'automne 1970, soit en plein cœur de la crise d'octobre! Il raconte en riant: «Comme je n'arrivais à me faire aucun contact ici, étant donné que si je me faisais des amis un soir, dès qu'ils étaient un peu chevelus, on les retrouvait en prison le lendemain, j'ai décidé d'aller visiter le nord du Québec.» Sa voiture de location l'a alors mené vers la Côte-Nord, et une après-midi qu'il dessinait en forêt, il a croisé les pas de Montagnais qui l'ont invité à les suivre. Une rencontre qui a changé sa vie, puisqu'il est finalement resté sur place pendant 18 ans, dont 15 passés avec ses amis amérindiens dans les bois. «Nous partions du mois de septembre jusqu'à Noël, et du mois de janvier jusqu'au printemps. Moi, je dessinais, et mes amis chassaient et pêchaient.»

On ne sort pas indemne d'une telle expérience. Profondément amoureux de cette culture millénaire, André Michel a tout d'abord créé un petit musée amérindien à Sept-Îles, puis un bien plus gros dix ans plus tard, que l'on connaît encore comme le Musée régional de la Côte-Nord. Après le décès de son meilleur ami montagnais, John McKenzie, et des déboires provenant des tensions entre les populations blanche et amérindienne, l'artiste a élaboré le projet de créer un musée hors réserve pour permettre un rapprochement entre les deux peuples. Initialement prévu dans le Vieux-Port de Montréal, ce dernier a vu le jour en l'an 2000 à Mont-Saint-Hilaire, en plein cœur de la seule érablière urbaine du Québec. Financée par une petite fondation amérindienne dont les membres sont allés chercher 1,5 million de dollars, elle est régie par un CA constitué de cinq personnes originaires des Premières Nations, compte des employés d'origine mixte et a été en 2008 nommée par la Commission des lieux et monuments historiques du Canada comme lieu de référence national des Produits de l'érable pour l'origine de l'acériculture. Pas mal, pour un projet dont certains avaient peur qu'il se transforme en casino ou en marché clandestin de vente de cigarettes… « Et sans subvention aucune », d'ajouter monsieur Michel, qui ne comprend pas qu'après dix ans d'existence et le respect qu'on lui porte, la Maison amérindienne soit toujours boudée par les différents paliers gouvernementaux.

Mais les préjugés sont souvent tenaces. Si l'exploitation de l'eau d'érable, par exemple, s'est modernisée grâce aux colons, qui détenaient d'une part des chaudrons en fonte, un alliage de métal inconnu jusqu'alors en Amérique du Nord, et de l'autre un marché plus que prospère en Europe – avant que la canne à sucre n'ait du succès, des bateaux pleins de pains de sucre partaient pour le vieux continent –, les Amérindiens se sucraient bel et bien le bec chaque année. Une légende circule même sur ce rare ingrédient sucré dans le régime alimentaire local. Il semblerait qu'un jour, un chef iroquois du nom de Woksis aurait planté comme à son habitude sa hachette dans le tronc d'un érable après sa journée de chasse. Puis, il aurait vaqué à ses occupations et rejoint sa femme pour manger. Toutefois, ils auraient trouvé au ragoût un goût curieux, étonnamment doux. Alors, le guerrier aurait demandé à sa compagne ce qu'elle avait mis de particulier dans sa préparation :

— Rien de spécial, aurait-elle répondu. J'ai utilisé la viande que tu as chassée, les légumes que nous cultivons et l'eau que tu m'as rapportée.

— Mais quelle eau ? Je ne suis pas allé en chercher.

— Mais si, il y en avait un récipient plein sous ta hachette, alors je l'ai prise pour cuisiner.

Ils seraient alors sortis de leur habitation et auraient découvert qu'un liquide transparent comme de l'eau, mais au goût légèrement sucré, s'écoulait le long du manche de l'arme. Voici comment le secret de l'érable aurait été percé. Une version assez proche de la vérité, selon André Michel, qui réfute encore une fois les historiens qui ont avancé que c'est en regardant des chiens en train de lécher des branches coupées d'érable que les Amérindiens auraient trouvé l'astuce. «Personnellement, je n'aurais pas le réflexe de lécher ce qu'un chien lèche, et je crois que tout le monde a cette réaction.»

Plus sérieusement, tous les Amérindiens du Québec et d'une partie des États-Unis connaissaient les vertus sucrantes de l'érable. La seule chose qui les différenciait était la manière dont ils traitaient cette matière première, selon qu'ils étaient de la grande famille algonquienne ou iroquoienne. « Dans le premier cas, explique monsieur Michel, il s'agissait de nomades qui utilisaient des récipients assez légers pour voyager. La sève d'érable était donc recueillie dans des récipients en écorce de bouleau, puis on en faisait s'évaporer l'eau en y plongeant des pierres chauffées dans le feu. Dans le second cas, les Iroquois, qui eux étaient sédentaires et connaissaient l'art de la poterie, faisaient bouillir l'eau au-dessus du feu pour en faire du sirop, de la tire et du sucre, qui se transportait bien sous la forme de pains. »

Quelles utilités avait ce produit sucrant ? « Il était essentiellement considéré comme un assaisonnement sucré. On pense à ce sujet souvent à tort qu'il y avait ici beaucoup d'aromates. C'est faux. La nourriture était alors bouillie, grillée, séchée ou fumée. Elle n'avait donc pas grand goût, contrairement à celle d'Amérique latine, dont le climat favorisait la pousse de fruits et de piments. Je me souviens notamment que quand j'étais moi-même dans les bois, mes amis utilisaient de la cendre pour parfumer un peu nos plats. » Toutefois, aussi sages étaient-ils le reste du temps, les Amérindiens du Québec profitaient pleinement, selon André Michel, de cette courte période de l'année pour se sucrer le bec. « Je crois d'ailleurs que nos partys des sucres découlent de ceux qui devaient avoir lieu alors. Les gens des Premières Nations chantaient et dansaient avant et plus encore après la coulée chaque année. C'était également pour eux une période de grandes réjouissances. Imaginez l'excitation qu'ils pouvaient ressentir quand ils consommaient du sirop d'érable, eux qui n'étaient le reste du temps pas du tout accoutumés au sucre. Ils devaient être très turbulents ! »

Toutes ces informations et récits fascinants, le grand public peut les découvrir en se rendant à la Maison amérindienne où, en plus d'expositions, de démonstrations d'entaillage et de récolte d'eau d'érable, on peut aussi regarder un maître sucrier autochtone faire bouillir cette même eau dans de grands chaudrons en fonte à l'extérieur, déguster un repas amérindien traditionnel couronné par une tarte au sucre sans pâte – un délice, selon bien des connaisseurs – et même assister à un spectacle de danse et de chant traditionnel, avant de foncer vers la boutique de souvenirs, histoire de rapporter, par exemple, une boîte de sirop d'érable de l'endroit. Une visite à ne pas manquer au temps des sucres, bien sûr. Ou pour découvrir, les autres saisons de l'année, comment ce que les Iroquoiens appelaient les trois sœurs, à savoir le maïs, les haricots et les citrouilles, ont influencé la cuisine internationale. Mais ceci est une autre histoire…

LA MAISON AMÉRINDIENNE
510 Montée des Trente
Mont-Saint-Hilaire
Québec J3H 2R8
Tél.: 450 464-2500
www.maisonamerindienne.com

LA CABANE

RETOUR VERS LE FUTUR

Au mois de mars 2010, le long des quais du Vieux-Port de Montréal, l'ouverture d'un nouvel établissement n'est pas passée inaperçue. Il faut cependant dire que la métropole, qui compte un nombre impressionnant de restaurants aussi bigarrés que les habitants qui la composent, n'avait étonnamment jamais vu le symbole par excellence de sa province, l'érable, mis à l'honneur dans ses quartiers. Aussi la perspective d'aller visiter une cabane à sucre en pleine ville a-t-elle suscité beaucoup de passions. Tout ce que Montréal comptait de gourmands et de gens branchés s'est même un peu battu pour faire partie des convives de ce lieu qui n'ouvrait ses portes que le temps des sucres. Pour la primeur, évidemment, mais aussi parce que cette toute première cabane urbaine n'avait rien de commun avec ses consœurs.

Effectivement, qu'il s'agisse du décorum, de l'ambiance sonore, des menus et même du site Internet, La Cabane se trouve à des années-lumière de ce que nous connaissons de ces lieux de pèlerinage annuel. «C'est volontaire, explique Michel Leroux, directeur de l'agence de communications Komotion et un des trois actionnaires de ce projet. Cette idée a germé dans nos esprits parce que nous étions déçus de voir comment les gens traitaient l'érable, une matière noble et respectée hors de nos frontières, mais qui est encore trop souvent utilisée ici pour noyer des œufs et des crêpes. Nous avons souhaité actualiser le concept de cabane à sucre, pour qu'elle soit réinventée, gastronomique, contemporaine et bien intégrée au cœur de la ville. Bref, brasser les conventions et changer les perspectives.»

Pari tenu, car si des éléments attrayants de la cabane sont là, à savoir l'érable bien sûr, mais aussi le bois rond, les longues tables, les petits seaux en métal et même la tête empaillée de chevreuil au mur, l'urbanité est également omniprésente dans le décor comme dans l'assiette: environnement de type industriel, projections sur différentes surfaces, vue imprenable sur le Saint-Laurent, petit foyer extérieur entouré de bancs, ou encore plats servis individuellement. Monsieur Leroux justifie ces choix : « Il est certain que nous ne voulions pas continuer à porter ce que je considère comme les stigmates de la cabane à sucre traditionnelle. C'est-à-dire un lieu où tu manges sur des nappes à carreaux collantes jusqu'à en avoir mal au cœur et où tu te mets en ligne comme dans un troupeau pour avoir de la tire sur un bout de neige. On voulait faire autre chose, créer un endroit dans lequel on apprécierait la table, mais aussi le raffinement qui l'accompagnerait. »

À l'instar d'une autre cabane qui a fait verser beaucoup d'encre, celle du Pied de cochon, La Cabane du Vieux-Port de Montréal a drastiquement changé le menu servi traditionnellement dans ce type d'établissements. « Nous n'avons pas cherché à défaire les Québécois de leur cabane à sucre annuelle. C'est une tradition, une partie d'eux, pour ne pas dire un rite de passage entre la saison hivernale très froide et le début d'une saison plus chaude. On ne sait pas trop pourquoi, mais nous aussi, nous dégelons littéralement à ce moment-là, nous reprenons vie. Et nous adorons nous sucrer le bec pendant cette période de transition. Alors, nous nous sommes contentés d'amener le menu à un stade plus raffiné. En prenant des éléments typiques, mais en les apprêtant et en les présentant d'une manière plus moderne et élégante. » C'est ainsi que les saucisses dans le sirop sont devenues des tartelettes de boudin noir, que les cretons se sont enrichis de foie gras, que le jambon et les fèves au lard ont été remplacés par des flancs de porc panés, frits et présentés dans de jolies petites cassolettes sur un lit de haricots blancs à la bière.

« La cabane à sucre, poursuit Michel Leroux, peut être à la fois folklorique et actuelle. Tout évolue dans notre société, alors pourquoi ne pas faire évoluer la présentation de notre héritage, de nos produits du terroir ? On a, plus encore que le droit, le devoir de réinventer ce secteur. » Une invitation que Danny Saint-Pierre, chef du restaurant Auguste, a acceptée avec grand plaisir pour cette première année. Et il cédera sa place en 2011 à ses confrères Patrice Demers et Marc-André Jeté, dont la réputation n'est plus à faire. « Ils seront à leur tour responsables de la mise sur pied d'un menu qui sera le reflet de leur vision de l'érable et des produits québécois. Ils pourront ainsi repousser les limites de ce qu'on peut faire avec nos richesses locales. »

Justement, si La Cabane bénéficie de la participation de grands chefs et que son succès est indéniable, comment compte-t-elle évoluer dans le futur ? Monsieur Leroux n'exclut pas la possibilité d'amener ce concept, pendant de courtes périodes, dans des villes étrangères. L'Europe, l'Amérique du Nord, l'Asie sont tous des marchés potentiellement intéressants à creuser. Par contre, l'actionnaire refuse toute extension du projet au-delà du temps des sucres, un geste qui briserait selon lui tout l'intérêt que l'on porte aujourd'hui à La Cabane. « Il faut que la cabane à sucre demeure une fenêtre annuelle dans notre réalité québécoise, car c'est ce qui en fait un symbole si fort que nous voulons tous nous y rendre. »

La Cabane s'enrichira toutefois en 2011 d'une boutique dans laquelle les clients devraient trouver des produits agroalimentaires, des livres de recettes, des produits dérivés artisanaux aux couleurs de l'établissement, des habits, des photographies et même des meubles faits localement. « Nous voulons montrer aux gens à quel point le Québec est créatif et se réinvente constamment. Cette boutique sera donc un endroit dédié à l'érable, mais aussi une vitrine des créateurs et des producteurs du Québec qui osent se lancer dans la contemporanéité. » Une invitation bien alléchante.

LA CABANE
Scena, pavillon Jacques Cartier
Quais du Vieux-Port, Montréal
514 914-9661

www.lacabane.ca

ÉRABLIÈRE DU SANGLIER

PLAISIRS CONJUGUÉS

Est-ce que l'érable et le sanglier se combinent bien ? Eh bien, oui, de toute évidence, puisque c'est le concept de Nathalie Kerbrat, une entrepreneuse qui mène de main de maître sa petite entreprise depuis 2006. Pourtant, rien ne la prédisposait à devenir une éleveuse, encore moins une sucrière. De père pied-noir marocain et de mère française, elle est née à Montréal et a grandi dans un Laval encore dominé par la campagne. Puis, elle a été secrétaire et évoluait depuis dix ans comme agente d'immeubles quand elle a changé de vocation. Elle n'avait cependant jamais pu se résigner à vivre en ville et avait toujours eu des fermes et des chevaux. « Et quand j'ai vu la propriété que j'ai achetée, je suis littéralement tombée en amour avec les sangliers, si bien que je suis passée de sept à deux chevaux, et de quatre à soixante-dix sangliers ! »

Mais madame Kerbrat ne voulait pas en rester là. Déterminée jusqu'au bout des ongles à réussir dans un secteur majoritairement masculin, elle a décidé d'être en mesure de tout faire, de la production de sirop d'érable, à l'organisation d'événements, en passant par la transformation alimentaire. « J'ai pris des cours de cuisine, de charcuterie, d'entaillage d'érables, de comptabilité, de vente, d'élevage et j'en passe. Mais bon, ajoute cette battante, quand j'aime quelque chose, j'en deviens presque boulimique. » Effectivement, rien ne semble à son épreuve, puisqu'en l'espace de quatre ans, en plus de gérer son affaire, elle s'est aussi activement impliquée dans toutes les organisations liées à son secteur d'activités et à sa région. Si bien qu'elle est à présent à la fois présidente de l'Association des éleveurs de sangliers du Québec et de la Fédération des éleveurs de gros gibiers au Québec, en plus de siéger à la Table de concertation agro-alimentaire des Laurentides et de la Chambre de commerce de son coin.

Avec un tel emploi du temps, est-il possible de proposer de la qualité ? «Bien sûr, répond la pétillante Nathalie Kerbrat. En fait, ma peur initiale, ce n'était pas que mon concept ne fonctionne pas, mais qu'il marche trop bien, au contraire, et que je sois obligée d'engager du monde. Car je tiens à conserver une entreprise à échelle humaine. Quand t'es perfectionniste, tu aimes avoir le contrôle sur tout, et je suis très exigeante. Ma famille, qui m'aide à la ferme, le sait parfaitement.» On comprend alors pourquoi sa cabane à sucre compte moins de 100 places assises et n'est en général qu'à moitié occupée, la propriétaire arrêtant de son propre chef les réservations pour que ses clients bénéficient tous de la meilleure qualité possible. De la même manière, on ne propose à l'érablière du Sanglier qu'un service à midi et le soir, afin de permettre aux convives de profiter pleinement de leur passage sur place. «Évidemment, ces facteurs font en sorte que ma clientèle est un peu différente de celle qui fréquente les grosses cabanes. Mes prix sont supérieurs à la moyenne, mais l'expérience que les gens ont ici n'a rien à voir avec les autres.»

Une expérience un peu différente, effectivement, puisqu'en plus du menu de cabane traditionnel, les clients peuvent trouver sur leur table des spécialités de la ferme voisine, à savoir des cretons et des saucisses de sanglier sans gluten. Ils peuvent aussi, après le repas, aller admirer les animaux de la propriété. « C'est une visite idéale pour les enfants, qui adorent voir les poules, les sangliers, les lapins et les chevaux qu'on a ici. » Autre but avoué de ce mariage des activités et des mets sur le menu : le développement du concept de repas à la ferme, de vente de produits transformés d'érable et de sanglier, ainsi que de traiteur sur place et à l'extérieur. « Je ne me restreins pas à tel ou tel champ d'activité. Tout comme en cuisine, où je propose aussi bien des gâteaux mousse à l'érable, que des spécialités héritées de mes parents comme le couscous, la paella et la choucroute. »

Dynamisme et ouverture sont vraiment les mots d'ordre de Nathalie Kerbrat, qui se prive encore un peu plus de sommeil pour mettre sur pied chaque année une fin de semaine de portes ouvertes, au cours de laquelle les gens peuvent venir découvrir sa propriété, déguster gratuitement ses produits et ceux des artisans locaux qu'elle réunit sur place, en plus d'admirer le travail d'artistes visuels. Un rendez-vous qui attire plus de 800 personnes en moyenne, ce qui est assez impressionnant. Mais ce n'est pas tout ! La tête pleine de projets, madame Kerbrat veut maintenant développer ses partenariats, proposer des repas de cabane à sucre à l'année et diversifier ses produits préparés. À voir l'énergie que cette femme-orchestre met dans tout ce qu'elle touche, nous ne doutons pas qu'elle relèvera ces nouveaux défis avec brio.

ÉRABLIÈRE DU SANGLIER
8405, chemin St-Jérusalem, Lachute
Québec J8H 2C5
514 731-0808

www.erablieredusanglier.com

SUCRERIE DES GALLANT

VISION GLOBALE

Lorsque Linda Gallant et son mari ont acheté en 1972 400 arpents de terre, dont la moitié était occupée par des érables matures, ils ont tout de suite compris qu'ils pouvaient faire de cet endroit un lieu de villégiature hors pair. Ils ont donc bâti une belle auberge, l'ont entourée de magnifiques jardins et se sont progressivement fait un nom dans la région. Toutefois, ils se sont rendu compte que certains mois étaient difficiles commercialement. «Dans les faits, explique la propriétaire, chaque année, en mars et en avril, nous perdions une bonne partie de notre clientèle, qui se rendait dans des cabanes à sucre. Donc, nous avons pensé que le meilleur moyen de contrer cette baisse d'achalandage était de créer un concept quatre saisons. L'été avec les jardins, l'automne avec les couleurs, l'hiver avec les chevreuils venant manger non loin de la salle à manger de l'auberge, et le printemps avec une cabane à sucre.»

L'idée et les moyens étant réunis, ne manquait plus qu'un signe pour se lancer. Et cette occasion s'est présentée un peu par hasard, en 1998, lorsque l'épisode du verglas a frappé l'érablière. «Beaucoup d'arbres sont tombés à ce moment-là. Et mon mari refusait d'en faire du bois de chauffage, car ils étaient auparavant si majestueux que ça lui faisait mal au cœur d'agir de la sorte. Alors, nous nous sommes dit que c'était peut-être le meilleur moment pour construire la cabane en bois rond qui deviendrait notre sucrière. Bref, nous avons décidé de faire du positif avec du négatif. Et maintenant, chaque fois qu'on regarde notre construction, on sait que chaque morceau de bois qui la constitue vient de notre terrain et en ce sens, elle est très spéciale pour nous.»

On pourrait ajouter que cette cabane est très spéciale tout court, car elle tranche drastiquement avec ses consœurs. Toit cathédrale, plancher en bois d'érable, belles tables campagnardes, chaises capitaine, fenestration importante ; on est loin des tables démontables et des nappes à carreaux. Explication de Linda Gallant : « J'ai toujours trouvé que les cabanes à sucre avaient des lacunes. Par exemple, je ne comprenais pas pourquoi on devait célébrer le printemps en s'enfermant dans des cabanons sans fenêtres et humides. J'ai donc volontairement voulu concevoir un endroit éclairé, confortable, chaleureux, où les gens auraient l'impression d'être en pleine nature tout en demeurant à l'intérieur. »

Un pari gagné, car dès la première année d'activité de la cabane, on s'est arraché les places. Parce que le décor est impressionnant, c'est vrai, mais aussi parce que la cuisine, entièrement composée à base d'érable et non de succédanés, est appréciée des visiteurs. Mais Linda Gallant ne voulait pas se restreindre au traditionnel repas du temps des sucres, aussi a-t-elle également demandé au chef de l'auberge de mettre sur pied un menu gastronomique à base d'érable. « Il y a toutes sortes de choses possibles avec cet élément, alors on fait beaucoup de laboratoire pour trouver des recettes intéressantes, comme remplacer l'eau dans laquelle est poché le foie gras au torchon par de l'eau d'érable, ce qui confère à ce dernier un goût un peu différent de l'ordinaire. Nous avons aussi sur notre carte un saumon fumé exceptionnel, fumé à froid avec des copeaux d'érable, mis en saumure avec du sirop d'érable et, enfin, glacé au sirop d'érable. Il peut être dégusté au petit-déjeuner avec un bagel, comme en tartare le soir, et les gens en raffolent tellement qu'ils ne reviennent que pour ça. » La propriétaire a même poussé le concept jusqu'à proposer à sa clientèle des soins esthétiques à l'érable au spa de l'auberge. Quant aux nombreux événements clefs en main qui ont lieu dans ce cadre enchanteur, notamment des mariages gais, il est souvent offert aux invités des bonbonnières d'érable ou de petites fioles cadeaux de sirop d'érable. « Nous pensons également développer ou faire dévelop-per des produits comme du vin ou de la vodka à l'érable », ajoute Linda Gallant, qui ne semble vraiment pas à court d'idées. De nombreuses (et agréables) surprises en perspective.

SUCRERIE DES GALLANT
1160, chemin Saint Henri
Très-Saint-Rédempteur
Québec J0P 1W0
450 459-4241

www.gallant.qc.ca

L'ÉRABLE, AUJOURD'HUI

isens

signé mollé

MÉTIER : ÉVEILLEUR DE SENS

Philippe Mollé n'a pas grandi dans une érablière ni n'a été élevé selon les traditions québécoises. Toutefois, en tant que grand amoureux des arts de la table et de tous les ingrédients qui la composent, ce journaliste, conférencier et, comme il se plaît à le dire lui-même, globe-trotter de la gastronomie a été immédiatement fasciné par l'érable. « C'est son unicité qui m'a attiré. C'est en effet un sucrant naturel unique en son genre. Un peu comme l'huile d'argan, que l'on retrouve uniquement au Maroc. C'est vraiment un produit extraordinaire que les gens devraient mieux apprivoiser. »

L'érable est pourtant présent dans tous les foyers québécois, non ? « Oui, mais de manière banalisée. Tout le monde avait, il y a encore peu, une boîte de sirop d'érable à la maison et l'utilisait de façon saisonnière, de préférence lors du temps des sucres. Mais ce serait avoir une vision passéiste que de le considérer uniquement comme un élément pour « se sucrer le bec ». Il faut au contraire aller au-delà du folklore et découvrir tout ce que l'érable a à offrir. Et nous commençons à peine à découvrir ce potentiel. » Effectivement, depuis quelques années, la tire et les bonbons à l'érable ne sont pas les seuls produits que l'on peut trouver sur le marché. S'y greffent progressivement de multiples utilisations de l'érable en confiserie, en pâtisserie, en chocolaterie, et jusqu'en cuisine moléculaire. De la même manière, l'érable est maintenant sollicité toute l'année et sur tous les continents, du moins dans le secteur de la haute gastronomie. « Comme bien des produits, il a bénéficié de ce qu'on appelle la gastronomie à étages, explique l'expert. Ce qui veut dire qu'en premier lieu, de grands professionnels comme Ducasse ou Robuchon ont montré l'exemple, puis que tout le monde a suivi. Cela s'est passé de la même manière avec la fleur de sel. Quand je suis arrivé au Québec, on ne la connaissait pas. Puis, les spécialistes ont commencé à l'utiliser et à en parler dans les médias, mais les gens avaient encore tendance à demander si on pouvait en trouver… au Jardin botanique ! Cela peut paraître un peu fou, à présent que nous disposons de plus d'une cinquantaine de variétés de sel dans nos magasins, mais il faut bien comprendre que c'est souvent le même processus qui s'enclenche, qu'il s'agisse du sel, du piment d'Espelette, ou encore des thés vert et blanc. »

L'érable est ainsi passé du statut de produit banalisé à celui d'ingrédient de choix dont les applications peuvent être étonnantes. Mieux encore, alors qu'à l'étranger, il pouvait être méconnu – en France, par exemple, il semblerait que le sirop d'érable était considéré comme un sirop contre la toux! –, il gagne chaque année en popularité grâce au travail sur le terrain de porte-parole comme Philippe Mollé, qui vont rencontrer les professionnels de la gastronomie du monde entier pour en faire la promotion. « Bernachon est ainsi venu ici, raconte l'expert, et a trouvé comment innover avec ce produit. Et maintenant, quand il propose à la Saint-Valentin des chocolats à l'érable au Japon, il a beaucoup de succès. »

Mais Philippe Mollé voulait pousser encore plus loin l'expérimentation. « Rien n'était fait en termes de produits de luxe à base d'érable, alors que ce dernier est à mes yeux inestimable, au même titre que la vanille ou la truffe. Lorsque je voyage, je mets d'ailleurs uniquement dans mes bagages deux produits phares du Québec: le cidre de glace et le sirop d'érable. Ma réflexion s'est donc portée sur la possibilité de lui ajouter une plus-value sous sa forme existante, mais aussi en l'intégrant intelligemment à la gastronomie. » De ce remue-méninges est née la compagnie Isens, dont le secteur de fabrication est suspendu pour le moment, mais dont la philosophie et le développement expérimental sont des plus surprenants. Explication de son fondateur: « Mon but est de combiner des produits uniques en leur genre avec l'érable, lui aussi unique, sans altérer leur goût respectif. En me basant sur la cuisine asiatique, au sein de laquelle on mélange beaucoup les épices et le sucre, j'ai par exemple créé un sirop d'érable au piment d'Espelette, qui peut être utilisé en cuisine. » Philippe Mollé a de la même manière marié les arômes et les vertus antioxydantes de l'érable et du thé vert matcha, ou encore mis au point une savoureuse ganache à l'érable et aux truffes du Périgord. Ces combinaisons recherchées ne se trouvent évidemment pas au magasin du coin, mais dans des épiceries fines et des magasins spécialisés. Présentées dans des bouteilles en verre italiennes et non dans des boîtes de conserve, elles sont aussi belles à voir qu'intéressantes à utiliser en cuisine.

Et tout cela n'est qu'un début, de l'aveu de monsieur Mollé. Alors, à quoi devons-nous nous attendre? L'expert conclut: «L'érable est devenu un produit tendance que les gens commencent à peine à découvrir. Ses applications et ses marchés potentiels sont extrêmement nombreux. Je lui prédis donc un très bel avenir.»

Vous trouverez les produits Isens dans les épiceries fines et les magasins spécialisés.

NINUTIK

L'ÉRABLE REPENSÉ

Amusantes, structurées, élégantes, ludiques, originales, sympathiques, belles, emblématiques, gourmandes... Les qualificatifs ne manquent pas pour évoquer les créations de Dianne Croteau et Richard Brault, deux designers industriels unis dans la vie et par une passion commune, l'érable. Canadiens français d'origine, ils vivent en Ontario, où les érablières sont aussi très courues chaque printemps. Il y a une vingtaine d'années, ils en ont acquis une et, avec leur fils André, ont commencé à produire du sirop d'érable pour leur famille. « C'est à ce moment-là que nous avons constaté que la présentation du sirop était vraiment très traditionnelle. On le trouvait en effet uniquement distribué dans des boîtes de conserve, des bouteilles en forme de feuille d'érable, ou encore dans des cruchons qui ressemblaient aux contenants de whisky des années 1920. Et c'était la même chose du côté des produits dérivés, on ne connaissait que le beurre, les petits bonbons et la tire d'érable. Bref, l'ensemble de ces présentations avait un côté habitant et pionnier qui, bien que populaire, ne nous satisfaisait pas. »

On n'en attendait pas moins de la part de ces deux designers. Toutefois, entre la création de type industriel et l'habillage d'un produit de consommation courante, il y a un pas. Un défi qu'ont pourtant relevé Dianne Croteau et Richard Brault sans grande difficulté au départ. « Pour nous, l'érable est une matière première aussi intéressante à travailler que le bois, l'aluminium ou le plastique. C'est aussi un élément de design connu au Canada, notamment au niveau du mobilier. Qui plus est, ici, l'érable ne laisse personne indifférent et signifie beaucoup de choses. Sa feuille illustre le drapeau canadien, notre plus grand emblème, son bois est réputé pour sa beauté et sa durabilité, et enfin sa sève permet de fabriquer un produit unique au monde, dont nous pouvons être fiers et qui mérite un design qui le mette en valeur. »

Pour l'ensemble de ces raisons, Richard Brault voulait changer la perception que l'on se faisait le plus souvent de l'érable. « Quand on pense à l'érable, on a encore souvent tendance à l'associer automatiquement aux cabanes à sucre, au printemps, aux pionniers et aux communautés autochtones. C'est la même chose en termes de consommation, puisque la tradition veut qu'on en mange abondamment pendant un certain temps de l'année et qu'on en mette sur tout. » C'est cette imagerie un peu folklorique que Ninutik a cherché à démonter, en combinant le sirop et le sucre d'érable avec une sensibilité de design. Quel était son objectif ? Présenter l'érable d'une manière contemporaine, faire ressortir son unicité et le rendre attrayant pour une clientèle plus urbaine ou voyageant à travers le monde, tout en respectant son caractère canadien.

Le couple a connu deux collaborations fructueuses avec l'artiste verrier Peter Reimann en 1996 et en 1997. Par la suite, ses recherches se sont intensifiées en 2006, jusqu'à la fondation de la compagnie Ninutik un an plus tard. Comment s'est passée cette phase de création ? « Nous avons traité l'érable comme nos autres projets de design, qu'il s'agisse d'un comptoir ou d'une chaise. Nous commençons toujours par des croquis, que nous raffinons au fur et à mesure. Puis, nous produisons des prototypes, nous cherchons, nous faisons nos essais-erreurs, nous perfectionnons la méthode ou la recette souhaitées, et, enfin, nous atteignons notre objectif initial. » Cette recherche s'est d'abord traduite par des produits aux formes géométriques simples, pures « et belles en soi », ajoute monsieur Brault, qui explique : « Nous voulions travailler uniquement avec de l'érable, parce qu'il est bon tout seul et qu'il n'est pas nécessaire de le verser sur des haricots, des œufs ou des toasts pour l'apprécier. »

De ce grand remue-méninges sont successivement nés un pain de sucre en forme de cube, de petites boules « Pop » pour accompagner le café, dresser sur des plateaux dans des cocktails, ou encore offrir sous forme de bouquets, ainsi que de petits palets ronds et carrés structurables, des chocolats fins et des contenants épurés. Un bonheur pour les yeux, et des utilisations multiples envisageables. « La présentation de ces produits a été très travaillée, de manière à ce qu'ils constituent de beaux cadeaux à offrir et soient assez élégants pour intégrer, par exemple, des réceptions données par le gouvernement. C'est inusité, mais comme cela, ça permet de servir un produit cent pour cent canadien. »

Cette fabrication intégralement canadienne est d'ailleurs au cœur du projet Ninutik. Dianne Croteau et Richard Brault se font effectivement un devoir d'encourager les producteurs et artisans locaux, du début à la fin du processus de fabrication de leurs produits. Pour ce faire, ils collaborent avec de petites érablières ontariennes certifiées biologiques, ou qui produisent du sirop biologique. Tous les contenants sont également conçus localement, et les deux designers fabriquent artisanalement toute leur gamme. « En agissant de la sorte, nous prouvons sans conteste que la création canadienne est exceptionnelle. De plus, en stimulant le commerce de l'érable, on ne le sait pas assez, mais on encourage la santé des forêts d'érables. On peut créer une activité économique sans que des arbres ne soient coupés. » Alors que le débat fait toujours rage au sujet de la proportion de forêt boréale à sauvegarder, on ne peut qu'encourager ce type d'initiative… tout en se régalant !

Ninutik : 548 Richmond St. West, Toronto, Ontario M5V 1Y4
416 703-4478 • www.ninutik.com

KAMINS

L'ÉRABLE, UN SOIN RÉVOLUTIONNAIRE POUR LA PEAU

Aujourd'hui, l'érable n'est plus seulement connu pour son goût unique et son mariage heureux avec toutes sortes de mets. Sucrant naturel qui peut remplacer avantageusement le sucre raffiné dans les recettes, il est également de plus en plus conseillé pour ses propriétés antioxydantes. Toutefois, qui aurait pensé à l'utiliser pour soigner des problèmes de peau? Eh bien, un chimiste montréalais, Ben Kaminsky, a eu cette idée il y a plus de 20 ans et a révolutionné les soins topiques en créant sous l'étiquette B. Kamins toute une gamme de produits que s'arrachent aujourd'hui les cosmétologues, les célébrités et les maquilleurs.

Extrêmement actif et sollicité, Ben Kaminsky travaille pour l'Université de Montréal et gère son laboratoire de main de maître depuis 50 ans. Oui, vous avez bien lu. Ce passionné a bel et bien 77 ans, même s'il en paraît 20 de moins. Et à quel secret doit-il son teint de pêche? Certainement pas au Botox, qu'il a d'ailleurs attaqué de front dans son livre *Beyond Botox*, paru il y a quelques années aux États-Unis, et dans lequel on trouve de précieux conseils concernant la préservation de la jeunesse de la peau grâce à des moyens naturels. On peut donc logiquement penser que les produits qu'il a mis au point sont réellement efficaces.

Pourtant, monsieur Kaminsky n'avait pas du tout prévu de lancer une marque de commerce dans le domaine des soins pour la peau. «Je travaille depuis très longtemps dans l'industrie pharmaceutique et ai développé de nombreux médicaments sous différentes formes, des capsules aux injections. Mais j'ai toujours aimé travailler sur des pommades, c'est presque ludique pour moi.» Le déclic est en fait venu de sa femme, qui, à 52 ans, vivait assez mal l'arrivée de sa ménopause, notamment parce qu'elle voyait des changements importants se produire au niveau de son épiderme. «Elle m'a dit: "Tu t'occupes de tout le monde, mais moi aussi, j'ai besoin de toi, alors fais quelque chose pour arrêter ça." Comme j'adore ma femme et que je n'ai jamais pu lui refuser quoi que ce soit, j'ai donc proposé à mon équipe en recherche et développement d'étudier les troubles ménopausiques de la peau. À ce moment-là, personne ne voulait se lancer dans ce genre de recherches, mais j'ai insisté jusqu'à ce que mes collaborateurs cèdent.»

Effectivement, à cette époque, on prescrivait essentiellement la prise d'hormones aux femmes en phase de ménopause ou de périméno-pause. Des traitements qui pouvaient s'avérer utiles pour prévenir des maladies graves comme le cancer, mais qui n'étaient d'aucune utilité pour les problèmes épidermiques. « Il faut comprendre que la peau devient à ce stade de la vie plus fragile, plus mince et plus sèche. Que les bouffées de chaleur peuvent s'accompagner de rougeurs, de démangeaisons, de prurit. Des taches brunes peuvent aussi apparaître, ainsi qu'une hypersensibilité. On assiste surtout à une diminution importante de la production de sébum, qui prévient la perte excessive d'humidité de la peau. Lors de mes recherches, il a donc fallu que j'analyse la peau ménopausée, de manière à être en mesure de lutter contre l'ensemble de ces phénomènes. »

Ben Kaminsky a découvert que cette peau avait 26 composantes et qu'il serait intéressant de remplacer ceux qui manquaient. C'est là que l'érable est entré en jeu. Est-ce que le chercheur se demandait depuis longtemps ce qui faisait la force de cet arbre, qui survit à des hivers très rudes ? Ou son instinct de chimiste lui soufflait-il de se pencher sur cette sève unique en son genre ? Peut-être ces deux hypothèses sont-elles vraies. Monsieur Kaminsky raconte cependant qu'il voulait intégrer des ingrédients naturels dans sa préparation. « Même si, à juste raison d'ailleurs, de nombreux professionnels ne leur font pas confiance quand il s'agit de soigner une maladie grave, ils peuvent s'avérer utiles dans certains cas de figure, comme celui sur lequel je travaillais. »

Travailler l'érable, et plus précisément sa sève, n'a cependant pas été de tout repos, puisque c'est un ingrédient sans sucrose très complexe qui contient, entre autres, des acides aminés, des antioxydants et des minéraux. « Ça a été un travail monumental de réussir à en extraire l'élément qu'il fallait pour ma préparation. Mais le composé Bio-Maple qui en est ressorti était tout à fait novateur, puisque multifonction-nel. » En effet, il réhydrate la peau et l'aide à se réparer par elle-même. De plus, le composé Bio-Maple contient des acides purs AAH et des antioxydants naturels dérivés de l'érable (acer saccharum) qui s'atta-quent à l'apparence des ridules et des rides. « Et ça marche plutôt bien, confie en souriant Ben Kaminsky, car je suis toujours marié ! »

Mais le chercheur ne voulait pas s'arrêter en si bon chemin. Il connaissait lui-même des problèmes de rosacée – maladie génétique provoquant la coloration rouge du visage – et voulait y mettre un terme. Et alors qu'il n'existait qu'une médicamentation lourde pour soigner ce genre de problèmes, il a mis au point, grâce au composé Bio-Maple, une crème très efficace contre les symptômes visibles de cette maladie incurable. Un succès qui s'est répété par la suite avec toutes sortes de maux, de l'acné des jeunes et des adultes, à l'eczéma et à l'hypersensibilité solaire. «Ces traitements ont souvent à la base été élaborés pour des collègues, spécialistes dans les hôpitaux, dont les patients pouvaient souffrir d'effets secondaires importants à cause de leur médication. Par exemple, l'une d'entre eux, il y a de cela quelques années, avait un patient soigné pour de la schizophrénie et qui ne pouvait plus se montrer au soleil sans devenir rouge comme une tomate. J'ai donc créé une préparation pour lui et, de fil en aiguille, ça a été le début de la gamme B. Kamins d'écrans solaires accessibles à tous.»

Voilà le secret de notre homme: créer des produits qui, sans être prescrits au même titre que des médicaments, sont néanmoins plus évolués que les cosmétiques. On les appelle «cosméceutiques», car ils ont toujours pour but de traiter quelque chose… même s'il ne s'agit que de rides. «Mais le meilleur secret reste le composé Bio-Maple, d'ajouter Ben Kaminsky, parce qu'il est hypoallergénique, hyper hydratant, ne cause pas d'irritations et convient à tous les types de peau. C'est un concentré vraiment unique en son genre, comme l'érable lui-même.»

Une question demeure malgré tout. À présent à la tête, aux côtés de son fils, d'une société lucrative, que fait encore monsieur Kaminsky dans ses laboratoires? «Vous savez, répond ce passionné en souriant, je ne me suis pas lancé dans ce projet par besoin. Je n'avais franchement pas besoin d'argent, car je gagnais très bien ma vie dans le domaine pharmaceutique. Si j'ai créé la gamme de produits B. Kamins, ça a été avant tout pour rendre service aux gens. Et comme je suis encore en bonne santé et que j'adore mon travail, eh bien, je continue.» Au risque de recevoir des plaintes de sa femme!

Kamins: 325 Stillview Avenue, Pointe-Claire, Québec H9R 2Y6
1 888 252-6467 • www.bkamins.com

DOMAINE ACER

L'ACER, L'ÉRABLE À BOIRE

« Et l'eau se transforma en vin », dit un passage du plus célèbre livre du monde. Eh bien, ceux qui doutent encore de ce miracle seront surpris d'apprendre que dans la petite commune d'Auclair, dans le Bas-Saint-Laurent, cette assertion a été prouvée. À ceci près que l'eau utilisée était de la sève d'érable, pays oblige.

Plus sérieusement, Vallier Robert et sa conjointe Nathalie Decaigny proposent effectivement, depuis quelques années, plusieurs crus d'érable sous la dénomination d'Acer, qui signifie « érable » en latin. Après le vin de glace, le cidre de glace et le miel de glace, le Québec est ainsi en train de se doter d'un nouveau produit unique en son genre. Mais de quoi s'agit-il exactement ? Madame Decaigny explique : « C'est de l'eau d'érable fermentée, qu'on ne mélange avec aucun alcool. Tout comme pour le vin, on peut y intégrer des levures qui vont la modifier, mais aussi en faire l'élevage en barriques. Rien à voir avec le Sortilège, par exemple, qui est juste un whisky sucré à l'érable. »

Il fallait y penser, c'est certain. Et qui était le mieux placé pour le faire ? Un œnologue ? Un chercheur ? Un acériculteur ? Vous n'y êtes pas du tout. C'est en fait un comptable qui a eu cette idée très originale. « Le père de Vallier détenait une petite érablière depuis 1972 et n'y entretenait que 200 entailles, ses ressources principales provenant de la restauration. Toutefois, Vallier avait quand même baigné dans ce milieu, et lorsqu'il a fait la route des vins du Québec en 1990, il s'est dit que s'il était possible de faire des alcools intéressants à partir de miel, il serait peut-être tout aussi possible d'en fabriquer à partir d'érable. Alors, il a utilisé l'érablière familiale comme terrain de jeu. »

Après des expérimentations dans sa cuisine pendant deux bonnes années, le jeune homme, encouragé par un sommelier du coin, a décidé de ranger ses cartables de chiffres et de se lancer dans l'aventure érablière. Épaulé financièrement par Agriculture Canada, il a, pendant trois ans, mené de sérieuses recherches sur la fermentation de la sève d'érable. Puis, comme il était autodidacte en matière œnologique et ressentait le besoin de valider les connaissances qu'il avait acquises,

il a adhéré à un programme de stages qui l'a emmené entre autres chez des vignerons champenois et des cidriculteurs bretons. À son retour au pays, il a aussi passé plusieurs mois chez le producteur bien connu Michel Jodoin, avant de se replonger dans ses expérimentations pendant encore deux ans, avec cette fois-ci à ses côtés une jeune microbiologiste qui fait aujourd'hui toujours partie de l'entreprise.

En 1996, lorsque Nathalie Decaigny, jeune ingénieure agronome belge venue passer une année sabbatique au Québec, a rencontré Vallier Robert, ce dernier avait donc à son actif suffisamment d'éléments pour se lancer concrètement dans la production d'acer. Séduite par l'homme comme par son projet, la jeune femme a racheté avec lui l'érablière familiale, et ensemble, ils ont créé le Domaine Acer, qui a commencé à vendre des produits alcoolisés d'érable dès 1997. « On a dû être patients, car tout ne s'est pas toujours passé comme on l'aurait souhaité. En effet, comme rien n'a été fait avant dans ce domaine, les problèmes sont résolus au cas par cas. Il n'y a pas de solution miracle dans les livres ni de recettes établies. Tout est à découvrir sur l'érable. Voilà pourquoi nous avons, par exemple, dû arrêter notre production pendant quatre ans, car nous avions des problèmes d'embouteillage. »

Treize ans après la création du Domaine Acer – et la naissance de quatre enfants –, le dynamique couple Robert-Decaigny a parcouru bien du chemin. Il propose à présent une gamme de quatre acers : le Prémices d'avril, un acer blanc demi-sec à 12 % d'alcool qui ressemble à un vin blanc très léger ; le Mousse des bois, un acer brut mousseux à 12 % d'alcool produit selon la méthode champenoise ; le Vol ambré, un acer apéritif à 16% d'alcool de type Pinot des Charentes ; et enfin le Charles-Aimé Robert, du nom du père de Vallier, un acer digestif dont le goût rappelle le porto tawny. Tous ces crus bénéficient d'une méthode de vinification qui leur est propre, et ce, dans les règles de l'art. Élevage dans des cuves en inox, vieillissement jusqu'à quatre ans dans des fûts en chêne, contrôle de la qualité, consultation de laboratoires indépendants et d'experts, rien n'est épargné pour faire de ces acers des produits de grande qualité. Ils sont d'ailleurs déjà sur la carte de prestigieux établissements québécois, comme le Château Frontenac à Québec, l'hôtel Quintessence de Mont-Tremblant, ou encore le relais et château L'eau à la bouche de Sainte-Adèle, en plus d'avoir remporté plusieurs prix.

Néanmoins, les projets d'agrandissement et de diversification fourmillent dans la tête de Nathalie Decaigny et de son conjoint, qui souhaitent à présent passer d'une production annuelle de 30 000 à 80 000 bouteilles, créer de nouveaux produits, labelliser l'acer et viser l'exportation. Au cours des dernières années, ils ont déjà ajouté à leur gamme d'alcools plusieurs produits comestibles d'érable classiques, comme la tire ou le sirop, ou plus originaux, comme le beurre d'érable aux noix de Grenoble. Ils ont aussi inscrit le Domaine Acer dans le réseau des économusées, ce qui leur permet de familiariser le grand public avec l'idée que l'érable peut être autre chose qu'un sucrant. « Il faut effectivement défolkloriser l'érable, et montrer ce qu'il a de finesse, d'élégance et d'équilibre, avance madame Decaigny. Car il y a encore un grand préjugé qui lui est accolé, celui d'être sucré. Les gens s'attendent donc la plupart du temps à ce que nos vins soient sucrés, ce qui n'est pas le cas. Pourtant, ils ne se posent pas de question concernant le vin et le cidre, qui viennent eux aussi de fruits. Et ce qui est le plus surprenant, c'est qu'à l'étranger, ce préjugé est bien moins tenace. Au contraire. Alors que je participais en 2008 au marché de Noël de Strasbourg, en France, j'ai eu la surprise de voir que neuf clients sur dix préféraient déguster un acer qu'un cidre de glace ou un hydromel. » Le potentiel de ces nouveaux produits est donc là, Nathalie et Vallier en sont convaincus. De grands connaisseurs comme François Chartier et Marc Chapleau le sont aussi, d'ailleurs. Alors, préparons-nous à voir l'acer devenir très bientôt un grand symbole gourmand du Québec !

Domaine Acer : 145, route du Vieux Moulin, Auclair, Québec G0L 1A0
418 899-2825 · www.domaineacer.com

À TABLE !

La légende des icônes utilisées
dans les recettes se trouve en p. 5.

À BOIRE!

Une sélection préparée par Bertrand Eichel,
Meilleur sommelier du Québec 2009 et sommelier en chef du 357c.

**Bière au cognac X.O.,
Maison Lafragette – Code SAQ : 00527838 – 4,25 $**
Cette bière rousse tire son originalité par la présence d'une des eaux-de-vie les plus appréciées du monde. Puissance et finesse sont au rendez-vous, avec la complexité arômatique d'un grand cognac versé au goutte à goutte pendant le brassage de cette bière. Les notes torréfiées et la pointe de douceur en bouche la classe parmi les meilleures bières à marier avec des recettes à base d'érable.

**Premières Grives 2009, vin de pays des côtes de Gascogne, Domaine Tariquet
Code SAQ : 00561274 – 16,70 $**
À mettre dans la classe des demi-secs, cette officieuse vendange tardive du domaine Tariquet est dominée par les fruits exotiques, tels le fruit de la passion et l'ananas. Moins sucré, ce vin permettra de terminer un repas sans l'alourdir.

**Quinta da Ervamoira, Tawny 10 ans,
Ramos Pinto – Code SAQ : 00352211 – 20,95 $**
La maison Ramos Pinto produit ce tawny 10 ans selon les règles de l'art. L'équilibre alcool/acidité/sucre est simplement parfait. Les arômes de noisette, cannelle et rancio lui confèrent une très belle complexité.

**Clos Saragnat 2008, cidre de glace,
Christian Barthomeuf – Code SAQ : 11133221 – 26,90 $**
Ce cidre de glace créé par Christian Barthomeuf fait honneur à la réputation de son créateur. Après tout, ce spécialiste est l'inventeur du cidre de glace au Québec. Une cuvée où rien n'est laissé au hasard. Pour les plus patients, le potentiel de garde de ce cidre est de plusieurs dizaines d'années. Remplissez-en votre cave !

Chandon Riche, Californie,
Chandon Vineyards – Code SAQ : 10697489 – 23,65 $
Le domaine Chandon californien bénéficie de l'expertise de la célèbre maison champenoise Moët & Chandon. Un gage de qualité qui se vérifie dans le verre avec une bulle fine, des notes d'abricot et de pamplemousse, et une pointe de douceur en finale.

Vouvray demi-doux 2007,
Château Moncontour – Code SAQ : 00713974 – 16,35 $
Plus sec que liquoreux, ce chenin blanc du Val de Loire se démarque par son onctuosité en bouche et son nez de sous-bois et de miel. Le Château Moncontour a d'ailleurs toujours su offrir un excellent rapport qualité/prix.

Château Montus 2007, Pacherenc du Vic-Bilh,
Alain Brumont – Code SAQ : 11017625 – 22,15 $
Produit par le roi du Madiran, Alain Brumont aime mettre en avant les ingrédients de son terroir. À l'image de ce Pacherenc du Vic-Bilh très gourmand en bouche, avec une pointe vanillée apportée par le bois. Un blanc sec qui saura gagner la faveur de ceux qui le dégusteront, grâce à sa polyvalence à la table.

Chardonnay Diamond Collection 2009, Californie,
Francis Coppola – Code SAQ : 10312382 – 22,95 $
Pour les amateurs de blanc de caractère, cette cuvée du producteur de films Francis Coppola ne séduira pas que les cinéphiles. Le côté riche et beurré donne une amplitude et un gras en bouche très typiques du cépage Chardonnay élevé en barrique de chêne.

L'ÉRABLE D'ANTAN

Cipaille ou tourtière du Lac-Saint-Jean

6-8

1 h

5 h

5 h

INGRÉDIENTS :

- 1 lb de porc en cubes
- 1 lb de veau en cubes
- 1 lb de chevreuil ou d'orignal en cubes
- 1 lb de poulet ou perdrix en cubes
- 2 gros oignons hachés
- 3 gousses d'ail hachées
- 1 1/2 c. à thé de sel
- 1 1/2 c. à thé de poivre

- 1 1/2 c. à thé de clou rond moulu
- 1 c. à thé d'herbes de Provence ou thym ou marjolaine
- 1/2 tasse de sirop d'érable
- 1/4 de tasse de brandy
- 3 tasses de pommes de terre en cubes
- 2 tasses de carottes en rondelles
- 2 lb environ de pâte à tarte feuilletée

PRÉPARATION :

1 Dans un grand bol, mettre les 12 premiers ingrédients. Bien mélanger et laisser mariner 4 à 5 heures voire toute la nuit. **2** Dans une cocotte profonde à fond épais, foncer une abaisse de pâte dans le fond et autour. Mélanger les pommes de terre, les carottes et la viande marinée. Remplir votre cocotte. **3** Ajouter 1 tasse d'eau pour éviter que la viande soit sèche. Couvrir d'une autre abaisse dans laquelle vous aurez fait un trou au centre et quelques incisions. **4** Cuire au four à 350 °F (180 °C) durant 1 heure à découvert. Puis, couvrir et cuire de 3 à 4 heures de plus à 325 °F (160 °C).

Beignes à l'érable

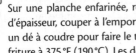

4-6

30 min

5 min

12 h

INGRÉDIENTS :

- 1/2 tasse de sucre
- 1/2 tasse de sucre d'érable
- 4 œufs moussés
- 1 tasse de crème sure 15 %
- 1/4 de tasse de graisse ou beurre fondu

- 3 à 4 tasses de farine
- 1 c. à thé de sel
- 4 c. à thé de poudre à pâte
- 1 c. à thé de vanille
- 1/2 c. à thé de muscade

PRÉPARATION :

1 Bien battre les œufs, le sucre et la crème. Ajouter les ingrédients secs délicatement à la cuillère de bois et mettre au réfrigérateur pendant 12 heures. Sur une planche enfarinée, rouler la pâte délicatement à 1 po (2,5 cm) d'épaisseur, couper à l'emporte-pièce à beigne ou avec un verre mince et un dé à coudre pour faire le trou au milieu. **2** Cuire les beignes en grande friture à 375 °F (190 °C). Les déposer sur un papier absorbant. Les tremper dans le sirop d'érable chaud ou les rouler dans le sucre d'érable ou dans le sucre blanc auquel vous ajoutez un soupçon de cannelle.

Jambon à l'ananas glacé à l'érable

INGRÉDIENTS :

8-10

15 min

2 h 30

- 1 jambon toupie (4 à 5 lb)
- 4 à 5 tasses d'eau
- 1 1/2 tasse de sirop d'érable mêlé au jus d'ananas
- 10 clous de girofle

- 5 clous ronds « Piment de la Jamaïque »
- 1 c. à soupe de moutarde sèche
- 1 grosse boîte de tranches d'ananas

PRÉPARATION :

1 Mettre le jambon dans une marmite profonde. Placer les morceaux d'ananas tout autour et les piquer avec un cure-dent. **2** Déposer un clou dans le trou de l'ananas. Verser les liquides sur le jambon, saupoudrer la moutarde. Cuire au four à 350 °F (180 °C) environ 2 h 30. Arroser le jambon toutes les 30 minutes. Retirer du feu et mettre dans un plat de service. **3** Servir chaud ou froid. **4** Vous pouvez remplacer les clous par des demi-cerises rouges pour décorer et mettre simplement les clous dans le jus de cuisson.

Gâteau au lard des ancêtres

INGRÉDIENTS :

15

20 min

1 h 30

- 2 tasses d'eau bouillante
- 2 tasses de gras de lard haché fin
- 1 tasse de sucre
- 1 1/2 tasse de sucre d'érable
- 1 tasse de mélasse
- 1 tasse de fruits confits, au goût

- 3 tasses de raisins secs
- 4 tasses de farine
- 2 c. à thé de bicarbonate de soude
- 2 c. à thé de poudre à pâte
- 1/2 c. à thé de clou de girofle, de cannelle et de muscade

PRÉPARATION :

1 Verser l'eau bouillante sur le gras de lard. Ajouter le sucre, le sucre d'érable, la mélasse, les raisins, les fruits confits et le bicarbonate de soude. Bien mélanger. Verser le mélange de farine, épices et poudre à pâte sur le premier mélange et bien incorporer. **2** Verser dans des moules à pain graissés. Devrait donner 3 à 4 moules selon la grosseur. **3** Cuire au four à 325 °F (160 °C) pendant 1 h 30. **4** Ce gâteau se sert comme un gâteau aux fruits, se congèle très bien et se conserve assez longtemps.

Fèves au lard à l'érable

INGRÉDIENTS :

4

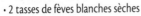

10 min

2 h 45

- 2 tasses de fèves blanches sèches
- 5 tasses d'eau froide
- 1/2 c. à thé de bicarbonate de soude
- 1/2 tasse de cubes de 1/2 pouce de lard gras salé
- 1 tasse de sirop d'érable
- 1 tasse d'oignons hachés finement

- 3/4 de tasse de mélasse
- 2 c. à thé de sel
- 1 c. à thé de poivre
- 1 1/2 c. à thé de poudre de moutarde

PRÉPARATION :

1 Dans une casserole à paroi épaisse, mettre les fèves, l'eau froide et le bicarbonate de soude. Faire bouillir environ 45 minutes ou jusqu'à ce que les fèves ne soient pas trop croquantes. **2** Retirer du feu, rincer à l'eau froide. Remettre dans la casserole avec les 7 autres ingrédients et mettre l'eau à égalité. Cuire au four à 350 °F (180 °C) environ 2 heures. 45 minutes avant la fin de la cuisson, brasser les fèves en s'assurant qu'il y a toujours de l'eau à égalité des fèves.

Fricadelles au sirop d'érable et au fenouil

INGRÉDIENTS :

- 1 c. à thé de gros sel
- 1/2 c. à thé de poivre noir
- 1 c. à thé de graines de fenouil
- 1 lb de porc haché

- 2 c. à soupe de sirop d'érable
- 1 c. à soupe d'huile d'olive
  (ou d'huile végétale)

PRÉPARATION :

1 Mélanger le sel, le poivre et les graines de fenouil au fond du bol. Ajouter le porc et remuer pour bien intégrer les épices. Verser 2 c. à soupe de sirop d'érable sur le porc et remuer à nouveau pour mélanger les saveurs. Former des boulettes de 2 po (5 cm) avec la viande. **2** Faire cuire à feu moyen-fort dans une poêle antiadhésive avec 1 c. à soupe d'huile pendant 4 à 5 minutes de chaque côté. **3** Égoutter les fricadelles sur une assiette recouverte de papier absorbant et servir.

Ketchup au maïs

INGRÉDIENTS :

- 8 gros épis de maïs
- 1/2 tasse de piment vert haché
- 1/2 tasse de piment rouge haché
- 1/2 tasse d'oignon haché
- 1 tasse de céleri haché fin
- 2 tasses de vinaigre
- 1 1/2 tasse de sucre

- 3/4 de tasse de sucre d'érable
- 1 1/2 c. à thé de gros sel
- 1 c. à thé de graines de céleri
- 1 1/2 c. à thé de moutarde en poudre
- 1 c. à thé de curcuma
- 1/4 de tasse de farine

PRÉPARATION :

1 Chauffer le tout et faire mijoter 10 minutes. **2** Pendant ce temps, mettre la moutarde en poudre, le curcuma et la farine dans un bol. **3** Bien mélanger et diluer dans un peu d'eau. Verser dans la préparation qui bout en brassant pendant 10 minutes. **4** Laisser refroidir et servir à volonté.

Cidre chaud à l'érable

1

5 min

5 min

INGRÉDIENTS :

- 1 tasse de cidre
- 1 bâton de cannelle
- Zeste d'1/2 orange
- 1 c. à soupe de sirop d'érable
- 2 quartiers de citron
- Sucre d'érable en poudre

PRÉPARATION :

1 Dans une casserole, mélanger et faire chauffer tous les ingrédients (sauf le sucre d'érable en poudre et un quartier de citron) pendant 5 minutes. **2** Givrer un verre ou une tasse en enduisant le rebord de jus de citron, puis en le trempant dans le sucre d'érable en poudre. **3** Filtrer le mélange de cidre et de sirop d'érable. **4** Verser dans le verre et déguster.

Grands-pères dans le sirop

4

20 min

20 min

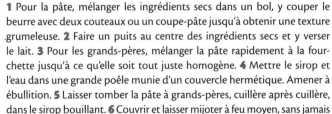

INGRÉDIENTS :

- 2 tasses de farine tout usage
- 4 c. à thé de sucre
- 4 c. à thé de levure
- 1/2 c. à thé de sel
- 1/3 de tasse de beurre
  ou de margarine
- 1 tasse de lait
- 1 3/4 tasse de sirop d'érable
- 1 3/4 tasse d'eau

PRÉPARATION :

1 Pour la pâte, mélanger les ingrédients secs dans un bol, y couper le beurre avec deux couteaux ou un coupe-pâte jusqu'à obtenir une texture grumeleuse. **2** Faire un puits au centre des ingrédients secs et y verser le lait. **3** Pour les grands-pères, mélanger la pâte rapidement à la fourchette jusqu'à ce qu'elle soit tout juste homogène. **4** Mettre le sirop et l'eau dans une grande poêle munie d'un couvercle hermétique. Amener à ébullition. **5** Laisser tomber la pâte à grands-pères, cuillère après cuillère, dans le sirop bouillant. **6** Couvrir et laisser mijoter à feu moyen, sans jamais soulever le couvercle, pendant 15 minutes. **7** Servir immédiatement.

Tarte au sucre du Québec

6

20 min

25 min

INGRÉDIENTS :

- 1 tasse de sucre d'érable
- 1 tasse de cassonade pâle
- 1/4 de tasse de crème riche en matières grasses
- 1 œuf

- 1 c. à soupe de farine
- 2 c. à soupe de beurre fondu
- 1 croûte à tarte de 9 po (23 cm) non cuite
- Crème fouettée

PRÉPARATION :

1 Préchauffer le four à 400 °F (200 °C). **2** Mélanger le sucre d'érable, la cassonade, la crème, l'œuf, la farine et le beurre dans un bol. Verser dans la croûte à tarte et faire cuire jusqu'à ce qu'elle soit dorée (environ 25 minutes). Retirer du feu et laisser refroidir 5 minutes avant de servir. **3** Couper des pointes de tarte et servir chaud avec de la crème fouettée.

Dinde farcie aux canneberges et à l'érable

8

30 min

3 h 45

INGRÉDIENTS :

Farce
- 1 lb de dinde hachée
- 1 1/2 tasse de canneberges fraîches ou dégelées
- 1 1/2 tasse de pommes de terre, râpées
- 2 échalotes françaises, hachées
- 3 gousses d'ail, hachées
- 2 c. à soupe d'herbes fraîches hachées (romarin, sarriette, thym, sauge, etc.)

- 1/2 tasse de sirop d'érable
- Sel et poivre du moulin, au goût

Dinde
- 1 dinde entière ou jeune dindon entier d'environ 7 3/4 lb
- 1 tasse de bouillon de poulet
- 1 tasse de vin blanc
- 1/2 tasse de sirop d'érable

PRÉPARATION :

1 Préchauffer le four à 325 °F (160 °C). **2** Mélanger tous les ingrédients de la farce. Déposer la dinde dans une rôtissoire, poitrine vers le haut, et remplir la cavité avec la farce. Attacher les cuisses ensemble avec une ficelle. Mélanger le reste des ingrédients et verser sur la dinde. **3** Couvrir et cuire environ 2 h 20, soit 40 minutes par 2,2 lb, ou jusqu'à ce que la chair se détache facilement des os. Arroser fréquemment. Retirer le couvercle 30 minutes avant la fin pour faire dorer la peau. Laisser reposer 15 minutes avant de trancher. **4** Servir la dinde avec la farce et le jus de cuisson.

Ragoût de pattes de cochon avec boucles maison

4

1 h

45 min

INGRÉDIENTS :

Ragoût
- 6 pattes de porc coupées en haut
- 10 clous de girofle
- 1 c. à soupe de sel
- 1 c. à thé de poivre
- 2 oignons coupés en cubes
- 2 gousses d'ail
- 2 c. à soupe de sirop d'érable

Boucles maison
- 1 tasse de farine
- 1/2 c. à thé de poudre à pâte
- 1/4 de c. à thé de sel de cuisson
- 1/2 tasse de bouillon des pattes

PRÉPARATION :

1 Pour le ragoût, laver les pattes et les mettre dans une marmite avec les autres ingrédients. Faire bouillir jusqu'à ce que la viande se détache des os. Retirer les pattes et les laisser refroidir. Filtrer le bouillon et mettre de côté. Défaire les beaux morceaux de viande maigre des pattes et remettre dans le bouillon. Vérifier l'assaisonnement. Il est préférable d'ajouter un peu de clou de girofle moulu. Saler et poivrer. **2** Pour les boucles maison, mélanger le tout et faire une boule, jusqu'à obtenir une pâte un peu élastique. Abaisser avec un rouleau à pâte et tailler en rectangles avec un couteau. Amener le bouillon et les pattes à ébullition et jeter les rectangles de pâte dedans une à une. Cuire à couvert environ 12 minutes. Peut être fait avec des boucles du commerce.

L'ÉRABLE FACILE

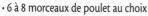

Poulet doré à l'érable

4

30 min

45 min

INGRÉDIENTS :

- 6 à 8 morceaux de poulet au choix
- 3 c. à soupe de farine
- 2 c. à thé de paprika
- 1/2 c. à thé de muscade, au goût
- 1/2 c. à thé de poivre

- 1/2 c. à thé de sel
- 1 c. à soupe de sucre d'érable
- 2 c. à soupe d'huile
- 2 c. à soupe de beurre fondu

PRÉPARATION :

1 Mêler la farine, le paprika, la muscade, le poivre, le sel et le sucre d'érable et enfariner le poulet avec ce mélange. **2** Chauffer le beurre et l'huile dans une marmite épaisse et y dorer le poulet de tous côtés. Retirer les morceaux dès qu'ils sont dorés. Déglacer le plat avec 3 c. à soupe de beurre et 3 c. à soupe de sirop d'érable, remettre le poulet dans la sauce et ajouter 1/2 tasse d'eau chaude. **3** Cuire au four sans couvrir environ 45 minutes à 350 °F (180 °C). Tourner le poulet au moins deux fois pendant la cuisson.

Pâté de campagne à l'érable

8

20 min

1 h 30

12 h

INGRÉDIENTS :

- 1/2 lb de gras de porc haché
- 1/2 lb de porc haché
- 1/2 lb de foie de veau haché
- 1 œuf
- 2 c. à soupe de crème sure 35%
- 2 gousses d'ail
- 1 c. à soupe de beurre fondu
- 1 c. à thé d'huile
- 2 échalotes françaises ou
  4 petits oignons verts
- 6 à 8 tranches de lard salé

Faire sauter deux minutes :

- 1 1/2 c. à soupe de boisson miel et érable ou de cognac
- 2 c. à soupe de sirop d'érable
- 1 c. à thé de poivre
- 1 c. à thé de sel
- 1 c. à thé de cerfeuil
- 1/4 de c. à thé de thym

PRÉPARATION :

1 Mettre tous les ingrédients dans un plat et mélanger avec les mains. Verser dans un moule tapissé de tranches de lard salé et couvrir de tranches de lard salé. Cuire au four à 350 °F (180 °C) durant 1 h 30 dans une lèchefrite d'eau chaude plus grande que votre moule. **2** Refroidir au moins 12 heures et servir avec des croûtons ou du pain croûté.

Poisson créole à l'érable

INGRÉDIENTS :

4

30 min

20 min

- 2 lb de filets de poisson frais ou congelé
- 2 c. à soupe d'oignon haché fin
- 2 c. à soupe de poivron vert haché
- 2 c. à soupe de champignons hachés
- 1 tasse de tomates en conserve

- 2 c. à thé de jus de citron
- 1/2 c. à thé de moutarde sèche
- 1/2 c. à thé d'origan
- 1/2 c. à thé de poivre
- 1 c. à thé de sel
- 1 c. à soupe de sucre d'érable

PRÉPARATION :

1 Placer le poisson dans une casserole légèrement graissée. Mettre les autres ingrédients dans un poêlon et faire mijoter en brassant de temps à autre, jusqu'à ce que les légumes soient tendres (environ 10 minutes). Napper le poisson de cette sauce. **2** Cuire dans un four chaud à 450°F (320°C) en comptant 10 minutes par pouce d'épaisseur pour le poisson frais, et 20 minutes pour le poisson congelé.

Gâteau à la crème sure

INGRÉDIENTS :

6

10 min

25 min

- 1 tasse de farine
- 1/2 c. à thé de poudre à pâte
- 1/2 c. à thé de bicarbonate de soude
- 1/4 de c. à thé de sel
- 1/3 de tasse de margarine

- 1/2 tasse de crème sure
- 1 œuf
- 1/2 tasse de sucre d'érable
- 3 c. à soupe de sirop d'érable

PRÉPARATION :

1 Mélanger les 6 derniers ingrédients. Y ajouter ensuite les ingrédients secs et mélanger jusqu'à l'obtention d'une pâte lisse. Verser dans un moule graissé de 8 pouces et cuire à 350°F (180°C) environ 25 minutes. **2** Servir avec du sirop d'érable.

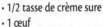

Bifteck grillé à la moutarde et à l'érable

4

15 min

30 min

INGRÉDIENTS :

- 1 lb de bifteck de haut de palette
- 1/4 de tasse de pacanes hachées
- 2/3 de tasse de sirop d'érable
- 2/3 de tasse de vinaigre balsamique
- 1/3 de tasse de moutarde de Dijon

- 3 c. à soupe de feuilles de thym frais
- 1 c. à thé de sel casher
- 1 c. à thé de poivre moulu
- 3 c. à soupe de fromage bleu émietté

PRÉPARATION :

1 Préchauffer le four à 350 °F (180 °C). Placer les pacanes en une seule couche dans une poêle peu profonde et cuire, en remuant à l'occasion, de 5 à 7 minutes ou jusqu'à ce que les pacanes soient rôties et odorantes. **2** À l'aide d'un fouet, mélanger le sirop et les 3 ingrédients qui suivent dans la liste et réserver la moitié de cette préparation. Ajouter l'autre moitié dans un plat large et peu profond ou dans un sac de plastique refermable. Parer la viande, si nécessaire, et déposer dans le plat ou dans le sac en le retournant pour bien le badigeonner. Couvrir ou sceller et laisser refroidir pendant 8 heures, en retournant la viande une seule fois, après 4 heures. Retirer la viande de la préparation et jeter la marinade. Saler et poivrer le bifteck et laisser reposer à température ambiante pendant 30 minutes. Cuire la marinade réservée dans une petite casserole à feu moyen pendant 10 minutes ou jusqu'à réduction de moitié. **3** Disposer la viande sur un panier de broche légèrement enduit d'huile, dans un moule à gâteau roulé recouvert d'une feuille d'aluminium résistante. Disposer à 6 po (15 cm) du gril et cuire de 8 à 10 minutes de chaque côté ou jusqu'au degré de cuisson désiré. Retirer du four, laisser reposer 5 minutes avant de couper la viande. Napper de sauce et saupoudrer de pacanes et de fromage bleu.

Navets et panais au sirop d'érable

INGRÉDIENTS :

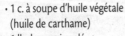

- 1 c. à soupe d'huile végétale (huile de carthame)
- 1 lb de panais pelé et coupé en cubes
- 1 lb de navet pelé et coupé en cubes
- 1 tasse de bouillon de poulet à faible teneur en sodium

- 1/2 tasse de sirop d'érable pur
- 2 c. à soupe de vinaigre de vin rouge
- 2 c. à soupe de beurre non salé
- 2 branches de romarin frais
- Gros sel et poivre moulu

PRÉPARATION :

1 Faire chauffer l'huile à feu moyen-fort dans une grande poêle à frire. Ajouter le panais et le navet et laisser cuire en remuant une fois jusqu'à ce qu'ils commencent à dorer (2 minutes). **2** Ajouter le bouillon, le sirop d'érable et le vinaigre puis assaisonner de sel et de poivre. Porter à ébullition puis réduire le feu, couvrir et laisser mijoter jusqu'à ce que les légumes soient à la fois encore un peu croquants (10 minutes). **3** Enlever le couvercle et faire cuire à feu moyen-fort pendant 7 à 9 minutes jusqu'à ce que les légumes soient tendres et le liquide sirupeux (il ne devrait alors rester qu'une petite quantité de liquide). **4** Retirer la poêle du feu, ajouter le beurre et faire tournoyer jusqu'à ce qu'il soit fondu. Assaisonner de sel et de poivre.

Gelée de canneberges à l'érable

4

5 min

INGRÉDIENTS :

- 1 1/2 tasse de gélatine neutre
- 2 c. à soupe de canneberges séchées
- 1 1/4 tasse de sirop d'érable
- 1 1/4 tasse de jus de canneberges
- 1/4 de botte de menthe

5 min

2 h

PRÉPARATION :

1 Faire chauffer le jus de canneberges à feu doux, puis y ajouter la gélatine et le sirop d'érable. Verser la moitié de ce mélange dans les moules remplis à mi-hauteur, puis placer au réfrigérateur. **2** Après une heure, ajouter quelques canneberges séchées dans chaque moule et verser, par-dessus, le reste de la préparation préalablement réchauffée et dans laquelle une julienne de menthe fraîchement coupée a été incorporée. **3** Remettre une heure au réfrigérateur, démouler et servir.

Tapas toulousains à l'érable

4

10 min

INGRÉDIENTS :

- 4 saucisses de Toulouse
- 2/5 de tasse de sirop d'érable
- 1/2 lb de chapelure
- 2 c. à soupe de beurre
- 4/5 de tasse de fond de veau (fond de veau congelé et non déshydraté)
- 20 cure-dents

15 min

PRÉPARATION :

1 Faire pocher les saucisses à découvert dans une eau frémissante (attention, elle ne doit pas bouillir) pendant 15 minutes. Dans une casserole, faire réduire de moitié le fond de veau, puis ajouter le sirop et réserver. **2** Trancher les saucisses en grosses rondelles puis les tremper dans la chapelure. Les faire sauter dans une poêle bien beurrée, puis les piquer avec un cure-dents. **3** Servir dans un plat comme petites bouchées et arroser avec la sauce à l'érable.

Crêpes de maïs bleu à l'érable

4

25 min

20 min

INGRÉDIENTS :

- 1 1/2 tasse de farine tout usage
- 1/2 tasse de semoule de maïs bleu
- 1 pincée de sel
- 1 c. à soupe de sucre
- 1 c. à soupe de levure chimique
- 2 gros œuf
- 1 1/2 à 2 tasses de lait
- 2 c. à soupe de beurre non salé fondu

- 2 à 3 bananes pelées et tranchées
- 1 tasse de bleuets frais et quelques autres, pour garnir
- Sirop d'érable à la cannelle
- Sucre glace, pour garnir
- 2 tasses de sirop d'érable
- 2 à 3 bâtonnets de cannelle

PRÉPARATION :

1 Préchauffer une plaque antiadhésive à 200 °F (90 °C). Mélanger les ingrédients secs dans un bol. Battre les œufs et 1 1/2 tasse de lait dans un autre bol jusqu'à ce que le tout soit bien intégré, puis ajouter le beurre. Incorporer les ingrédients liquides aux ingrédients secs et bien mélanger le tout. Ajouter soigneusement les bleuets et un peu de lait si la pâte semble trop épaisse. **2** Verser environ 1/4 de tasse de pâte sur la plaque pour chaque crêpe. Faire cuire jusqu'à ce que le dessous soit légèrement doré, retourner et continuer de faire cuire pendant environ 30 secondes. Déposer au four dans un plat résistant à la chaleur et garder au chaud jusqu'à ce que vous soyez prêt à les servir. Servir 3 crêpes par personne avec du sirop d'érable à la cannelle et des bananes. Garnir de bleuets et saupoudrer de sucre glace. Cette recette donne 12 crêpes.

Sirop d'érable à la cannelle

Faire chauffer le sirop et les bâtonnets de cannelle à feu doux pendant 10 minutes. Retirer du feu et faire macérer pendant 1 heure. Retirer les bâtonnets et verser dans une saucière.

Filet de porc à l'érable

INGRÉDIENTS :

6

20 min

1 h

2 h

- 1 filet de porc de 3 lb

Marinade
- 1/2 tasse de sauce soya
- 1/2 tasse de vinaigre de riz

- 1 c. à soupe de gingembre frais finement haché
- 2 c. à thé d'huile de sésame
- 1/2 c. à thé de poivre de Cayenne
- 1/4 de tasse de sirop d'érable

PRÉPARATION :

1 Mélanger tous les ingrédients de la marinade. Placer le filet de porc dans un plat et le recouvrir de la marinade. **2** Laisser reposer 2 heures à température de la pièce. Retourner le filet de temps en temps. **3** Placer au four à 350 °F (180 °C) pendant 20 minutes par livre. Badigeonner de temps en temps avec la marinade. Sortir du four et laisser reposer 10 minutes avant de servir.

Saumon sur planche de cèdre

INGRÉDIENTS :

4

1 h

4 h

20 min

Marinade
- 1/4 de tasse d'huile d'olive
- 1/4 de tasse de sirop d'érable
- 3 gousses d'ail
- 2 c. à soupe de basilic frais

Saumon
- 4 pavés de saumon épais
- 1 1/2 tasse de riz
- 4 tomates
- 1 poivron vert
- 1 poivron rouge
- 1 poivron jaune
- 1 oignon

PRÉPARATION :

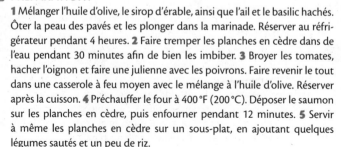

1 Mélanger l'huile d'olive, le sirop d'érable, ainsi que l'ail et le basilic hachés. Ôter la peau des pavés et les plonger dans la marinade. Réserver au réfrigérateur pendant 4 heures. **2** Faire tremper les planches en cèdre dans de l'eau pendant 30 minutes afin de bien les imbiber. **3** Broyer les tomates, hacher l'oignon et faire une julienne avec les poivrons. Faire revenir le tout dans une casserole à feu moyen avec le mélange à l'huile d'olive. Réserver après la cuisson. **4** Préchauffer le four à 400 °F (200 °C). Déposer le saumon sur les planches en cèdre, puis enfourner pendant 12 minutes. **5** Servir à même les planches en cèdre sur un sous-plat, en ajoutant quelques légumes sautés et un peu de riz.

Salade de chèvre et de potiron caramélisé

4

5 min

5 min

INGRÉDIENTS :

- 2 tasses de courges (potirons) coupées en cubes
- 1/4 de tasse de sirop d'érable
- 1 c. à soupe d'huile d'olive
- 1/2 tasse de fromage de chèvre crémeux

Vinaigrette
- 3 c. à soupe d'huile d'olive
- 1 c. à soupe d'huile de sésame
- 4 c. à thé de vinaigre balsamique
- Sel et poivre, au goût

PRÉPARATION :

1 Dans un poêlon, faire dorer les cubes de potiron dans l'huile 2 minutes. Ajouter le sirop d'érable et cuire à feux doux jusqu'à ce que les morceaux caramélisent. **2** Déposer sur un plat de service. Dans un bol, mélanger les ingrédients de la vinaigrette et verser sur le potiron. **3** Ajouter le fromage et mélanger.

Bagatelle sucrée

8

10 min

30 min

INGRÉDIENTS :

- 3 tasses de purée de courge très onctueuse
- 1 tasse de sucre à glacer
- 1 c. à thé de vanille
- 1 tasse de crème à fouetter

- 1/2 tasse de sirop d'érable
- 1 gâteau (type quatre-quarts)
- 1 1/2 tasse de framboises fraîches

PRÉPARATION :

1 Cuire votre courge au four ou à la vapeur selon vos habitudes et la passer au robot culinaire ou à la moulinette. **2** Dans un bol, fouetter la purée de courge avec le sucre à glacer et la vanille. Réserver. **3** Dans un autre bol, mélanger la crème et le sirop d'érable, puis fouetter jusqu'à la consistance désirée. Réserver. **4** Couper des morceaux de gâteau en rectangles et les déposer dans un grand verre, en alternance avec la purée et les framboises. **5** Couvrir de crème d'érable à la fin.

Carré d'agneau aux pommes et courges caramélisées

4

20 min

20 min

INGRÉDIENTS :

Pommes et courges caramélisées
- 2 c. à soupe d'huile d'olive
- 1 courge pelée, égrainée et coupée en tranches
- 1/4 de tasse de sirop d'érable
- 2 pommes pelées, épépinées et coupées en tranches
- Basilic frais et poivre, au goût

Marinade
- 3 c. à soupe de sirop d'érable
- 3 c. à soupe d'huile d'olive
- 2 c. à soupe de sauce soya
- 1 gousse d'ail écrasée et hachée
- 1 pincée de sel et de poivre

Viande
2,2 lb de carré d'agneau

PRÉPARATION :

1 Préchauffer le four à 375 °F (190 °C). **2** Dans un chaudron, placer le carré. **3** Dans un bol, mélanger les ingrédients de la marinade. Badigeonner le carré d'agneau avec le mélange. (Pour un plat plus savoureux, laisser mariner au réfrigérateur une heure.) **4** Couvrir et enfourner. Pour une viande rosée, cuire 45 minutes et laisser reposer hors du four 5 minutes dans le chaudron. Cuire une heure pour une viande bien cuite. **5** Réserver le jus de cuisson dans une saucière. Dans une grande sauteuse, chauffer l'huile d'olive à feu vif. **6** Ajouter les tranches de courge et faire sauter 4 minutes. **7** Ajouter le sirop d'érable et porter à ébullition. Ajouter les pommes et le basilic et caraméliser le tout environ 5 minutes. Poivrer au goût. **8** Napper les côtelettes avec le mélange et servir accompagné d'un riz et d'une salade de courge.

Pouding chômeur courge et érable

6 à 8

15 min

45 min

INGRÉDIENTS :

Sirop
- 1 tasse de cassonade
- 1/4 de tasse de sirop d'érable
- 1 1/2 tasse d'eau
- 2 c. à soupe de beurre

Gâteau
- 1 1/3 tasse de farine
- 1/2 tasse de sucre
- 1/4 de tasse de cassonade
- 1 c. à thé de poudre à pâte
- 1/2 c. à thé de sel
- 1/3 de tasse de beurre
- 1 tasse de purée de courge
- 1 œuf
- 3/4 de tasse de lait

PRÉPARATION :

1 Cuire votre courge au four ou à la vapeur selon vos habitudes et la passer au robot culinaire ou à la moulinette. **2** Préchauffer le four à 350 °F (180 °C). **3** Dans un chaudron, déposer la cassonade, le sirop, l'eau et le beurre. Mélanger et porter à ébullition. Diminuer le feu et laisser mijoter 3 minutes. Réserver. Dans un bol, mélanger la farine, le sucre, la cassonade, la poudre à pâte et le sel. **4** Couper le beurre dans le mélange de farine et ajouter la purée de courge. Faire un puits au centre et verser l'œuf et le lait. Mélanger. **5** Verser dans un plat carré de 8 po (20 cm). Ajouter le sirop. Cuire 40 minutes.

Filet de truite saumonée, gingembre et érable

4

10 min

10 min

INGRÉDIENTS :
- 4 filets de truite saumonée
- 1/4 de tasse de gingembre frais
- 3 c. à soupe d'huile d'olive
- 1/4 de tasse de sirop d'érable
- Fleur de sel

PRÉPARATION :

1 Préchauffer le four à 400 °F (200 °C). **2** Huiler 4 feuilles d'aluminium. Sur une plaque allant au four, placer chaque filet de truite dans l'aluminium, les rebords légèrement relevés. Éplucher et râper le gingembre sur les filets puis arroser de sirop d'érable. **3** Cuire au four pendant 10 minutes. Sortir les papillotes ouvertes, arroser d'un filet d'huile d'olive et parsemer de fleur de sel. **4** Servir les papillotes avec des brocolis cuits à la vapeur.

Rôti de porc à la moutarde, à l'érable et au thym

INGRÉDIENTS :

- 1 rôti de longe de porc d'environ 2 lb
- 1/4 de tasse de sirop d'érable
- 1/4 de tasse de moutarde de Dijon
- 1 oignon blanc
- 1 c. à soupe de thym séché ou 2 branches de thym frais
- 2 c. à soupe d'huile d'olive
- Sel, poivre

PRÉPARATION :

1 Préchauffer le four à 350 °F (180 °C) et mettre la grille au milieu. **2** Dans un bol, mélanger le sirop d'érable, la moutarde et le thym. Saler et poivrer. Éplucher et trancher finement l'oignon en rondelles. Disposer les rondelles dans le fond d'un plat creux. Arroser d'un filet d'huile d'olive. Saler et poivrer. **3** Déposer le rôti de porc sur les oignons, et le badigeonner de la préparation. Cuire au four entre 1 h 30 ou jusqu'à ce que la température du rôti, mesurée à l'aide d'un thermomètre à viande, indique 160 °F (70 °C). Pendant la cuisson, arroser la viande de son jus toutes les 15 minutes. **4** Sortir le rôti du four et laisser reposer la viande pendant 10 minutes. Trancher le rôti et le napper des oignons caramélisés. **5** Servir avec une purée de pommes de terre et des légumes rôtis.

Mousse au chocolat et à l'érable

INGRÉDIENTS :

- 6 œufs frais
- 1/2 lb de chocolat non sucré
- 1/4 de tasse de sirop d'érable
- 4 c. à thé de beurre
- Zeste d'1/2 orange
- 1 pincée de sel
- 1 feuille de menthe

PRÉPARATION :

1 Faire fondre le chocolat au bain-marie. Une fois fondu, y ajouter les jaunes d'œufs, le zeste râpé d'1/2 orange, le sirop d'érable et le beurre fondu. **2** Monter les blancs en neige avec une pincée de sel, puis les incorporer délicatement, à l'aide d'une spatule, à l'appareil à base de chocolat. **3** Mettre le mélange dans un ou plusieurs contenants (ramequins, verres ou un grand bol), puis réfrigérer pour une heure. **4** Servir frais et décorer avec une feuille de menthe.

L'ÉRABLE DES ENFANTS

Coco soufflé dans le trou

4

15 min

15 min

INGRÉDIENTS :

- 2 bagels
- 4 œufs
- 1/2 tasse de sirop d'érable
- 2 c. à soupe de beurre
- 2 c. à soupe de raisins secs

PRÉPARATION :

1 Monter les blancs d'œufs en neige avec une petite pincée de sel. Y incorporer, à l'aide d'une spatule, les jaunes d'œufs, 1/3 de tasse de sirop d'érable et les raisins secs. **2** Couper les bagels en 2. Les faire dorer de chaque côté dans une poêle avec le beurre et les disposer dans un grand plat allant au four. Remplir chaque trou avec l'appareil à base d'œufs, puis enfourner pour 15 minutes à 450 °F (220 °C). **3** Disposer dans une assiette et arroser avec le reste de sirop.

Astuce : Ajouter tous les fruits que l'on aime, pour donner un peu de couleur et de diversité dans l'assiette.

Poutine à l'ananas

4

15 min

1 h

INGRÉDIENTS :

- 2 c. à soupe de beurre
- 1 ananas
- 1/2 lb de fromage mascarpone
- 1/2 boîte de sirop d'érable
- 4/5 de tasse de crème 35 %
- 1/2 tasse de sucre

PRÉPARATION :

1 Couper l'ananas en frites et réserver. **2** Déposer le sirop d'érable dans une casserole, faire bouillir et mijoter durant 20 minutes. Rajouter la crème, laisser mijoter 30 minutes, puis réserver. **3** Faire fondre le beurre dans un poêlon et faire sauter les frites d'ananas pendant 5 minutes. Rajouter le sucre pour qu'elles dorent. **4** Réchauffer le caramel à l'érable. **5** À l'aide de 2 cuillères, faites des petites boules avec le mascarpone. Les disposer sur les frites d'ananas. Puis, verser le caramel sur le tout. Servir.

Churros du Lac-Saint-Jean

INGRÉDIENTS :

4

30 min

50 min

- 1 tasse de lait
- 1/2 tasse de beurre doux
- 1 pincée de sel
- 1/3 de tasse de sucre granulé
- 1 gousse de vanille
- 1 1/2 tasse de farine
- 3 œufs
- 1 tasse de bleuets déshydratés
  du Lac-Saint-Jean

Caramel d'érable à la fleur de sel
- 2 c. à soupe de beurre
- 1 boîte de sirop d'érable
- 4/5 de tasse de crème 35 %
- 1 c. à thé de fleur de sel

PRÉPARATION :

1 Amener le lait, le beurre doux, le sel, le sucre et la vanille à ébullition. Ajouter la farine en pluie et dessécher avec une cuillère en bois (pendant 3 à 4 minutes). Incorporer les œufs un par un à l'aide d'un malaxeur. Ajouter les bleuets. Faire les churros à l'aide d'une douille cannelée de la grosseur désirée. Frire les churros et saupoudrer de sucre glace. **2** Servir avec du caramel d'érable à la fleur de sel.

Préparation du caramel d'érable à la fleur de sel

Déposer le sirop d'érable dans une casserole, le faire bouillir et mijoter durant 20 minutes. Ajouter la crème, laisser mijoter 30 minutes et monter au beurre. Ajouter la fleur de sel et réserver. Se consomme chaud ou froid.

Meringues

INGRÉDIENTS :

• 2/5 de tasse de sirop d'érable   • Sucre d'érable en poudre
• 3 blancs d'œufs

4

20 min

40 min

PRÉPARATION :

1 Porter le sirop d'érable à ébullition. (Utiliser une casserole suffisamment haute car le sirop d'érable triple de volume une fois à ébullition.) **2** Monter les blancs d'œufs en neige puis y incorporer, en versant très doucement, le sirop dans un mélangeur électrique. Une fois le tout incorporé, laisser tourner à basse vitesse le temps que la meringue refroidisse (20 minutes). **3** Préparer les moules en les beurrant et en ajoutant un peu de sucre d'érable en poudre. **4** À l'aide d'une poche à pâtisserie, remplir les moules aux trois quarts puis enfourner 20 minutes à 200 °F (100 °C).

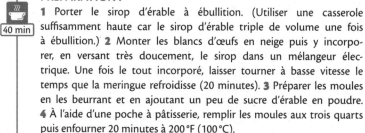

Tartinade de caramel à l'érable

10 min

45 min

INGRÉDIENTS :

• 4 tasses de sirop d'érable   • 1 boîte de lait condensé sucré
• 1 tasse de sirop de maïs blanc   (Eagle Brand)

PRÉPARATION :

1 Dans une casserole à fond épais, porter à ébullition le sirop d'érable et le sirop de maïs et continuer à faire chauffer jusqu'à ce que le thermomètre à bonbons indique 226 °F (ou 108 °C). **2** Retirer du feu et laisser reposer 5 minutes. **3** Ajouter la boîte de lait condensé et bien mélanger vigoureusement avec une cuillère de bois. **4** Mettre dans des contenants de 250 ml et conserver au frais.

Biscuits aux amandes

4

30 min

20 min

INGRÉDIENTS :

- 1 tasse d'amandes crues
- 1 tasse de farine d'avoine
- 1 tasse de farine
- 1/2 c. à thé de cannelle
- 1/4 de c. à thé de sel de mer
- 1/2 tasse de sirop d'érable

- 1/4 de tasse d'huile de canola
- 1/4 de tasse de purée de mangue, de pomme ou de banane
- 12 à 15 amandes entières, pour décorer

PRÉPARATION :

1 Préchauffer le four à 350 °F (180 °C). **2** Réduire les amandes et l'avoine à l'aide d'un robot culinaire. **3** Dans un bol, mélanger la farine, les amandes et l'avoine réduits, puis ajouter la cannelle et le sel. **4** Dans un autre bol, mélanger les autres ingrédients (sauf les amandes entières) et fouetter, jusqu'à l'obtention d'un mélange homogène. Incorporer au mélange sec et bien mélanger. **5** Déposer de 12 à 15 cuillerées du mélange sur une plaque huilée, allant au four. Décorer avec les amandes entières. **6** Laisser cuire 20 minutes.

Pêches Dahlia

2

10 min

INGRÉDIENTS :

- 2 pêches bien mûres
- 1/4 de tasse de sirop d'érable

- 1/4 de tasse de crème fouettée
- 2 c. à soupe d'amandes effilées

PRÉPARATION :

1 Fouetter la crème, jusqu'à l'obtention d'une bonne consistance. **2** Couper les pêches en tranches et les disposer sur des assiettes de service. **3** Mouiller de sirop d'érable, ajouter 1 c. à soupe de crème fouettée et saupoudrer d'amandes effilées. **4** Servir avec des biscuits au gingembre.

Gaufres aux bananes

4

25 min

15 min

INGRÉDIENTS :

- 1 1/3 tasse de farine tout usage
- 1 grosse pincée de bicarbonate de soude
- 2 c. à thé de sucre blanc
- 1/4 de c. à thé de sel
- 3 œufs
- 1 1/3 tasse de lait
- 1/2 tasse de beurre
- 2 c. à thé de levure chimique
- 2/3 de tasse de cassonade
- 2 c. à thé d'extrait de rhum
- 4 c. à thé d'extrait de vanille
- 1/2 c. à thé de cannelle moulue
- 1/4 de tasse de pacanes entières
- 1/2 tasse de sirop d'érable
- 3 bananes coupées en tranches
- 1 tasse de crème riche en matières grasses
- 1 c. à soupe de sucre glace

PRÉPARATION :

1 Préchauffer le gaufrier. Fouetter la farine, le bicarbonate de soude, la levure chimique, le sucre blanc et le sel dans un bol. Réserver. **2** Fouetter les œufs, 1 1/2 c. à thé d'extrait de vanille et le lait dans un bol. Verser le beurre fondu et le mélange de farine jusqu'à l'obtention d'une pâte légèrement grumeleuse. Faire cuire les gaufres jusqu'à ce que la vapeur cesse de s'échapper des fentes du gaufrier (environ 2 minutes). **3** Pendant ce temps, faire fondre 1/4 de tasse de beurre à feu moyen. Ajouter la cassonade, l'extrait de rhum, 2 c. à thé d'extrait de vanille et la cannelle. Porter à ébullition, puis ajouter les pacanes et continuer à faire mijoter pendant 1 minute. Incorporer le sirop et les bananes et faire cuire jusqu'à ce que les bananes soient tendres (environ 4 minutes). **4** Battre la crème, 1/4 de c. à thé de vanille et le sucre glace avec le batteur électrique dans un bol jusqu'à ce que des pics fermes se forment. **5** Lorsque les gaufres sont prêtes, verser des bananes sur les gaufres avant de garnir le tout d'une cuillérée de crème fouettée.

Sucettes glacées

5 min

2 h

INGRÉDIENTS :
- 1/3 de tasse de mûres
- 1/3 de tasse de fraises
- 1/3 de tasse de framboise
- 1/3 de tasse de sirop d'érable
- 1/2 tasse de yaourt

PRÉPARATION :

1 Mélanger tous les ingrédients dans un robot culinaire, puis verser dans les moules à sucettes. **2** Congeler pendant 2 heures, puis servir. Cette recette donne 8 sucettes.

Petites étoiles

4

15 min

15 min

INGRÉDIENTS :
- 1/2 tasse de sirop d'érable
- 1/4 de tasse de beurre
- 1/2 c. à thé de bicarbonate de soude
- 1/2 c. à thé de sel
- 1 petit œuf
- 1 1/4 tasse de farine tout usage

PRÉPARATION :

1 Faire fondre le beurre dans une casserole puis, hors du feu, ajouter le sirop d'érable. Ajouter le bicarbonate, le sel et l'œuf, puis fouetter vigoureusement. **2** À l'aide d'une spatule, ajouter la farine jusqu'à l'obtention d'une pâte homogène. Vous pouvez également la malaxer à la main si vous préférez. **3** Réserver au réfrigérateur pour une heure, puis abaisser cette pâte sur une épaisseur d'1/4 po (environ 1,5 cm). Utiliser un emporte-pièce en forme d'étoile et former les biscuits. Cuire 15 minutes dans un four à 350°F (180°C). **4** Décorer selon les goûts avec du glaçage ou des bonbons. Cette recette donne 12 étoiles.

Rochers au pop corn à l'érable et au chocolat

2-4

15 min

15 min

25 min

INGRÉDIENTS :

- 1 tasse de grains de maïs
- 1 tasse de chocolat noir en pastilles
- 1 tasse de caramel d'érable
  à la fleur de sel (recette p. 238)
- 2 c. à soupe de noisettes entières
  finement concassées
- 1/2 c. à thé de sel

PRÉPARATION :

1 Mettre les grains de maïs à éclater dans une poêle, couvrir et faire chauffer à feu vif pendant 2 minutes, saupoudrer légèrement de sel, réserver dans un bol. **2** Faire chauffer le caramel d'érable à feu doux dans une casserole. Une fois qu'il est sirupeux, tremper chaque pop corn dans le caramel, puis le retirer à l'aide d'une fourchette et le placer sur une plaque à pâtisserie recouverte de papier ciré ; mettre au congélateur pendant 15 minutes. **3** Faire chauffer le chocolat au bain-marie, puis, à l'aide d'une fourchette, tremper chaque grain de pop corn dans le chocolat, mettre sur une plaque et saupoudrer le dessus des rochers avec les noisettes. Mettre au réfrigérateur pendant 10 minutes puis servir.

Lait fouetté gourmand

2

15 min

INGRÉDIENTS :

- 4/5 de tasse de glace à la vanille
- 4/5 de tasse de yaourt
- 2 tasses de lait
- 2/5 de tasse de sirop d'érable
- Poudre de cacao

PRÉPARATION :

1 Mélanger tous les ingrédients dans un mélangeur et verser dans de grands verres avec une paille. **2** Terminer en saupoudrant avec un peu de cacao.

L'ÉRABLE DES CHEFS

Saumon laqué à l'érable en croûte de bacon

INGRÉDIENTS :

4

15 min

20 min

- 4 pavés de saumon sans peau
- 4 larges tranches de bacon
- 1/4 de tasse de sirop d'érable
- 1/4 de tasse de vinaigre de cidre
- 1/4 de tasse de sauce tamari ou soja

PRÉPARATION :

1 Réunir les liquides dans une casserole et porter à ébullition. Réduire de moitié ou chauffer jusqu'à ce que la sauce ait une consistance sirupeuse. **2** Larder le saumon, puis enrouler chaque pavé de poisson d'une tranche de bacon. **3** Dans une poêle bien chaude, saisir le poisson pendant 3 minutes sur tous les côtés. Une fois le bacon bien grillé, placer les pavés de saumon dans la sauce et poursuivre leur cuisson pendant quelques minutes à feu doux, en les nappant continuellement de sauce. **4** Servir avec des choux de Bruxelles sautés et du quinoa.

Rouleaux de bœuf namafu, sauce à l'érable

INGRÉDIENTS :

2

15 min

20 min

- 1/4 de lb de bœuf tranché mince
- 2 bâtons de gluten de blé namafu (sakura-fu)
- Huile de sésame au besoin
- 2 c. à soupe de saké
- 2 c. à soupe de sirop d'érable
- 1 1/2 c. à soupe de sauce soya
- Bourgeons de feuilles de poivre, au goût

PRÉPARATION :

1 Enrouler le namafu dans les tranches de bœuf. **2** Faire chauffer la poêle, ajouter l'huile de sésame et faire frire les rouleaux en les retournant pour qu'ils cuisent de façon uniforme. Réserver. **3** Mettre dans la poêle chaude le saké, le sirop d'érable et la sauce soya. Faire mijoter jusqu'à ce que le mélange réduise en remuant fréquemment. **4** Placer les rouleaux dans cette sauce et faites cuire pendant 5 minutes. On peut ajouter un peu de saké ou de sirop d'érable pour allonger la sauce s'il n'y en a pas assez pour recouvrir les rouleaux. Servir.

Soufflé glacé à l'érable et aux petits fruits

INGRÉDIENTS :

4

25 min

6 h

- 2 œufs (blancs et jaunes séparés)
- 1/3 de tasse sucre blanc
- 1/4 de tasse sirop d'érable
- 1/3 de tasse jus de fruits 100 % pur
- 1 tasse de crème 35 %

- 1/2 tasse petits fruits frais (framboises, bleuets, mûres, etc.)
- Sucre d'érable
- Feuilles de menthe (facultatif)
- 4 ficelles

PRÉPARATION :

1 Prendre 4 ramequins individuels. Entourer chacun, à l'extérieur, d'une bande de papier d'aluminium double épaisseur en laissant dépasser environ 1,5 po (4 cm) de papier du bord supérieur du ramequin. Maintenir en place avec de la ficelle. Dans un petit bol, défaire en crème les jaunes d'œufs et le sucre. Faire bouillir de l'eau dans la partie inférieure d'un bain-marie. Laisser sur le feu. **2** Dans la partie supérieure, verser le mélange de jaunes d'œufs, ajouter le sirop d'érable et le jus de fruits et brasser continuellement, environ 4 minutes, jusqu'à ce que le mélange soit crémeux. **3** Laisser reposer au réfrigérateur. **4** Fouetter la crème. Réserver. Monter les blancs d'œufs en neige jusqu'à l'obtention de pics mous. Incorporer graduellement et délicatement la crème fouettée et les blancs d'œufs au mélange de jaunes d'œufs. Ajouter les petits fruits. Répartir le mélange dans les ramequins en laissant dépasser 1/4 po (environ 1,5 cm) de papier d'aluminium. **5** Saupoudrer les soufflés de sucre d'érable et mettre au congélateur pendant 6 heures. Au moment de servir, retirer le papier d'aluminium et décorer d'une feuille de menthe et de petits fruits frais.

Salade de fruits, dumplings et pâte d'édamame

INGRÉDIENTS :

2

- 3/4 de tasse de farine à dumplings
- Environ 1/2 tasse d'eau
- 5 c. à soupe de pâte d'édamame (soya vert)
- 1 kiwi
- 1 mangue
- 6 c. à soupe de sirop d'érable (clair)

15 min

10 min

PRÉPARATION :

1 Ajouter lentement l'eau à la farine à dumpling et mélanger avec les doigts. Pétrir jusqu'à ce que la pâte devienne lisse et ferme. Former des dumplings ronds d'environ 1/4 po (environ 1,5 cm) de diamètre et aplatir en appuyant légèrement au milieu. **2** Amener l'eau à ébullition et y jeter les dumplings. Lorsqu'ils flottent à la surface, faire bouillir 1 minute de plus et arrêter la cuisson en les plongeant dans de l'eau glacée. Égoutter et réserver. **3** Laver les fruits. Couper le kiwi et la mangue en dés. **4** Mettre les dumplings, les fruits et la pâte d'édamame dans une tasse et verser le sirop d'érable sur le dessus. Servir.

Brick pour le brunch au sirop d'érable

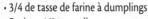

INGRÉDIENTS :

4

- 4 œufs
- 4 tranches de jambon forêt noire
- 2/3 de tasse de fromage emmenthal râpé
- 4 feuilles de brick
- 1/2 tasse de sirop d'érable
- 1 c. à soupe de beurre
- 2 c. à soupe d'huile d'olive
- Poivre

15 min

6 min

PRÉPARATION :

1 Sur une planche ou sur le comptoir, étaler une feuille de brick. Placer en son centre une tranche de jambon, puis le fromage râpé tout en laissant un trou au milieu. Casser l'œuf dans le trou, poivrer et rabattre les 4 côtés de la feuille de brick par-dessus la garniture. Préparer les 3 autres bricks de la même façon. **2** Chauffer une poêle avec un peu d'huile d'olive et de beurre. Cuire les bricks pendant 2 à 3 minutes de chaque côté, en commençant par le côté de l'ouverture. **3** Servir les bricks arrosés d'un filet de sirop d'érable, et accompagnés d'une salade de tomates pour le brunch.

Astuces : Pour bien fermer la feuille de brick, en mouiller les bords avec un peu d'eau. Ne pas trop cuire les bricks pour garder le jaune d'œuf coulant.

Croustillant d'agneau aux pleurotes et à l'érable

4

35 min

20 min

5 min

INGRÉDIENTS :

- 2 longes d'agneau désossées
- 1 c. à soupe de beurre fondu
- 2 c. à soupe de beurre
- 4 feuilles de pâte Filo
- 4 c. à soupe d'échalotes ou d'oignons rouges
- 1 tasse de pleurotes ou autres champignons, hachés finement

- 5 c. à soupe de sirop d'érable
- 1 c. à soupe de vinaigre balsamique
- 5 c. à soupe de sucre granulé
- 3 c. à soupe de vinaigre blanc
- 1 tasse bouillon de bœuf

PRÉPARATION :

1 Préchauffer le four à 175 °C (350 °F). **2** Enlever le gras et la peau de l'agneau. Dans une grande poêle, faire fondre 1 c. à soupe de beurre et saisir les longes d'agneau à feu vif de tous les côtés. Retirer de la poêle et éponger le gras à l'aide d'un papier absorbant. Mettre au réfrigérateur environ 5 minutes. **3** Badigeonner 4 feuilles de pâte Filo d'un peu de beurre fondu soit 2 c. à soupe. Superposer 2 feuilles, les plier en deux, y déposer une longe d'agneau refroidie et rouler. Cuire au four de 15 à 20 minutes selon la cuisson désirée. Pendant ce temps, dans le même poêlon faire sauter les échalotes et les pleurotes. Déglacer avec le sirop d'érable et cuire à feu moyen environ 4 minutes. Ajouter ensuite le vinaigre balsamique. Laisser mijoter 4 minutes. **4** Dans une petite casserole, mélanger le sucre et le vinaigre blanc. Faire dorer à feu vif. Déglacer avec le bouillon de bœuf et faire réduire pendant 10 minutes. Ajouter les champignons à la sauce. Faire chauffer 4 assiettes au four. Les napper de sauce et y répartir les morceaux d'agneau (de 4 à 6 morceaux par longe d'agneau). **5** Servir immédiatement.

Baklavas de la cabane à sucre

INGRÉDIENTS :

4

20 min

55 min

Baklavas
- 1 tasse de noix de Grenoble émiettées
- 1/2 tasse de canneberges
- 1 tasse d'amandes émiettées
- 4 c. à soupe de sucre
- 1 c. à thé de cannelle moulue
- 13 feuilles de 9 x 9 po (23 x 23 cm) de pâte feuilletée Filo
- 1/2 tasse de beurre non salé fondu
- 1 c. à thé d'eau

Sirop
- 1 1/2 tasse de canneberges
- 1 1/2 tasse d'eau
- 1 1/2 tasse de sucre
- 4 c. à soupe de sirop d'érable
- 1 c. à soupe de cannelle moulue
- 1 c. à thé de clous de girofle (facultatif)
- 1 c. à soupe de jus de citron

PRÉPARATION :

1 Préchauffer le four à 325 °F (165 °C). **2** Beurrer un moule de 9 x 9 x 2 po (23 X 23 X 5 cm). **3** Dans un bol, mélanger les canneberges, les noix de Grenoble, les amandes, le sucre et la cannelle. **4** Déposer, une à une, 5 feuilles de pâte Filo au fond du moule en badigeonnant chacune des feuilles de beurre fondu. Étendre la moitié du mélange de noix sur la pâte. Couvrir avec 3 feuilles de pâte Filo en badigeonnant chacune d'elles de beurre fondu. Étendre le reste du mélange de noix sur la pâte. Couvrir des 5 dernières feuilles de pâte Filo en les badigeonnant toutes de beurre fondu. **5** Humecter légèrement d'eau la feuille de pâte Filo du dessus. Découper, en losanges ou en carrés, à l'aide d'un couteau pointu. Cuire au four, en recouvrant le plat d'une feuille de papier en aluminium, pendant 40 minutes. **6** Pendant ce temps, préparer le sirop : porter à ébullition tous les ingrédients du sirop, sauf le sirop d'érable. Cuire pendant 10 minutes afin de faire épaissir le mélange. Ajouter le sirop d'érable et cuire encore 5 minutes. **7** Verser le sirop chaud sur les baklavas à la sortie du four.

Escalope de veau au Sortilège, à l'érable et aux pommes

4

15 min

15 min

INGRÉDIENTS :

- 4 escalopes de veau
- 2 c. à soupe de farine
- Sel, poivre, huile d'olive
- 1 c. à soupe de beurre
- 1 c. à soupe de sirop d'érable

- 1/2 tasse de liqueur d'érable Sortilège
- 3/4 de tasse de crème à cuisson 15 %
- 2 pommes vertes
- 1 citron

PRÉPARATION :

1 Préparer les pommes : les éplucher, les couper, les évider et les émincer en fines tranches. Ensuite, les placer dans un bol et les arroser de jus de citron. **2** Fariner légèrement les escalopes de veau. Dans une poêle, réunir l'huile d'olive et le beurre. Une fois ce jus moussant, faire poêler les escalopes des deux côtés jusqu'à l'obtention d'une croûte dorée. Faire reposer la viande dans une assiette à rebords sur le comptoir et en garder le jus pour la sauce. **3** Faire revenir pendant 4 minutes les pommes avec le jus de citron, dans la même poêle que celle des escalopes, afin d'en conserver les sucs. Flamber avec la liqueur d'érable Sortilège, puis ajouter le sirop d'érable, la crème, le jus de la viande et faire réduire quelques minutes. Réchauffer les escalopes dans la sauce pendant 1 à 2 minutes sans faire bouillir. Assaisonner la sauce. **4** Servir avec des tagliatelles fraîches et des haricots verts à l'ail.

Astuce : Parsemer de fleur de sel lors du service, pour apporter du croquant et un contraste sucré/salé à la viande.

INDEX DES RECETTES

CRÉDITS POUR LES RECETTES

**ALINE CHÊNES,
CRÉATRICE CULINAIRE
ET SOMMELIÈRE**
Rôti de porc à la moutarde, érable et thym, p. 235
Brick Brunch au sirop d'érable, p. 247
Filet de truite saumonée, gingembre et érable, p. 234
Saumon laqué à l'érable en croûte de bacon, p. 245
Escalope de veau au Sortilège, érable et pommes vertes, p. 250

**ALEXANDRE PERNETTA,
CHEF ET TRAITEUR**
Rochers au pop corn à l'érable et au chocolat, p. 243
Baklavas de la cabane à sucre, p. 249
Poutine à l'ananas, p. 237
Churros du Lac-Saint-Jean, p. 238

**BERTRAND EICHEL,
MEILLEUR SOMMELIER DU QUÉBEC**
Coco soufflé dans le trou, p. 237
Sucettes glacés aux petits fruits et à l'érable, p. 242
Gelée de canneberges à l'érable, p. 229
Lait fouetté gourmand, p. 243
Petites étoiles, p. 242
Tapas toulousain à l'érable, p. 229
Meringues, p. 239
Cidre chaud à l'érable, p. 221
Mousse au chocolat et à l'érable, p. 235

FPAQ (RECETTES ET PHOTOS)
Croustillant d'agneau aux pleurotes et à l'érable, p. 248 et couverture
Salade de fruits, dumplings et pâte d'édamane, p. 247
Rouleaux de bœuf namafu, sauce à l'érable, p. 245
Soufflé glacé à l'érable et aux petits fruits, p. 246
Dinde farcie aux canneberges et à l'érable, p. 222

**HERMINE BOURDEAU-OUIMET,
TIRÉES DE L'OUVRAGE
*DE L'HERMINE À L'ÉRABLE***
Cipaille ou tourtière du Lac-Saint-Jean, p. 217
Ragoût de pattes de cochon avec boucles maison, p. 223
Jambon glacé à l'érable, p. 218
Gâteau au lard des ancêtre, p. 218
Fèves au lard à l'érable, p. 219
Beignes à l'érable, p. 217
Ketchup au maïs, p. 220
Poulet doré à l'érable, p. 225
Pâté de campagne à l'érable, p. 225
Poisson créole à l'érable, p. 226
Gâteau à la crème sure, p. 226

**PASCALE COUTU ET
PIERRE TREMBLAY,
PROPRIÉTAIRES DE LA COURGERIE**
Salade de chèvre et de potiron caramélisé, p. 232
Carré d'agneau aux pommes et courges caramélisées, p. 233
Bagatelle sucrée, p. 232

NATALIE RICHARD
Pêches Dahlia, p. 240
Biscuits aux amandes, p. 240

CRÉDITS POUR LES PHOTOS

Chalet des érables, Ferland Photo, p. 130-133
La Cabane, André Rider, p. 182-185
Autres : Shutterstock
Photos de chaque cabane : gracieusetés des propriétaires

REMERCIEMENTS

Je tiens tout d'abord à remercier l'Association des restaurateurs de cabanes à sucre du Québec (ARCSQ) pour son précieux support dès le début de ce projet, de même que la Fédération des producteurs acéricoles du Québec (FPAQ), qui s'est impliquée dans plusieurs volets de cet ouvrage.

 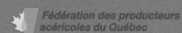

Fédération des producteurs acéricoles du Québec

Je remercie également tous les propriétaires de cabanes à sucre, ainsi que tous les artisans et les passionnés qui ont accepté de participer à ce livre. Merci aussi à tous les chefs, connus ou non, qui ont créé des recettes mettant l'érable en vedette.

Évidemment, ce livre n'aurait jamais pu voir le jour sans l'équipe dévouée des éditions Goélette, aussi tiens-je à souligner le travail remarquable accompli par Ingrid Remazeilles, Emilie Bourdages, Marie-Claude Parenteau et toutes leurs collègues.

Enfin, un merci tout spécial à Bertrand, sommelier si cher à mon cœur qui a réalisé une belle sélection de bières, de vins et de spiritueux pour accompagner les recettes de ce livre, ainsi qu'à notre fils Étan, qui a connu grâce à ce projet ses premières cabanes à sucre dès l'âge de quatre mois.

Les informations contenues dans cet ouvrage ont été vérifiées pour la publication. L'auteure et l'éditeur ne sont pas responsables si elles changent entre temps.

L'utilisation de 4328 lb de Silva Enviro 114 M plutôt que du papier vierge
aide l'environnement des façons suivantes:

Arbres sauvés: 52
Réduit la quantité d'eau utilisée de 162 775 L
Réduit les émissions atmosphériques de 5 337 kg
Réduit la production de déchets solides de 2 054 kg

C'est l'équivalent de:
Arbre(s): 1,1 terrain(s) de football américain
Eau: douche de 7,5 jour(s)
Émissions atmosphériques: émissions de 1,1 voiture(s) par année

MARQUIS

Marquis imprimeur inc.

Québec, Canada
2011